기독교 세계관으로 쓴 과학 교재

자연 과학

해답지와 시험지

제이 와일 지음 | 디넷뜨 옮김
신무환 교수(명지대 신소재공학과), 이홍배 교사(아주중학교) 감수

꿈을 이루는 사람들

자연 과학 해답지와 시험지

SOLUTIONS AND TESTS FOR
EXPLORING CREATION WITH PHYSICAL SCIENCE

지음 | 제이 와일
옮김 | 디넷뜨, 고윤주
감수 | 신무환, 이홍배

1판 1쇄 인쇄 | 2010년 1월 18일
1판 1쇄 발행 | 2010년 1월 25일

펴낸곳 | (주)디씨티와이
편집 | 박소혜 구미진
마케팅 영업 | 최여진 강승묵 김은화
디자인 | 김석현
제작 | 이창형
저작권 | 장정선

등록번호 | 제16-3821호
주소 | 서울시 강남구 도곡동 943-1(135-270)
전화 | 02-529-7722 **팩스** | 02-571-5353
홈페이지 | www.dctybooks.co.kr
이메일 | dctybooks@dcty.co.kr

정가 10,000원

ISBN 978-89-93169-60-7 43400

• 차례 •

【단원 시험지】 해답편

【종합 문제】

【종합 문제】 해답편

시작하기 전에

이 교재를 가르치는 법

(1) 학생들이 마무리하기를 원하는 두 가지 형태의 문제가 있다. 『자연 과학 : 교재』 본문에 있는 〈스스로 푸는 문제〉와 각 단원 마지막에 있는 〈단원 학습 지침〉이다.

* 학생들은 본문을 읽으며 〈스스로 푸는 문제〉를 해결해야 한다. 이러한 문제 해결 과정을 통해 우리가 배우려고 애쓰는 개념들이 학생들의 머릿속에 훨씬 더 분명해질 것이다. 해답은 교재에 제시되어 있다.
* 학생들이 각 단원을 완전히 마친 뒤에는 〈단원 학습 지침〉을 꼭 풀어야 한다. 각 학습 지침 문제들에 대한 해답은 본 별책 『자연 과학 : 해답지와 시험지』에 있다.
* 〈스스로 푸는 문제〉를 해결하는 동안에는 학생들이 각 문제들에 대한 해답을 참고할 수도 있다. 그러나 〈단원 학습 지침〉을 다룰 때는 학생들이 문제를 완전히 다 풀고서 단지 점검 차원에서만 해답지를 사용해야 한다.

(2) 본 별책 『자연 과학 : 해답지와 시험지』에는 각 단원에 대한 【시험지】가 있고, 그 시험지에 대한 해답들이 제시되어 있다. 일단 학생들이 각 단원을 비롯하여 그와 관련된 문제들을 모두 마무리하고 나면, 【종합 문제】 시험지로 평가하도록 부모님들에게 강력히 권고한다. 이때 학생들에게는 오로지 연필, 종이, 계산기만 허락되어야 한다. 학생들이 대학을 진학하려고 계획하는 경우라면 미리부터 시험을 편안하게 치를 수 있도록 준비하는 훈련이 필요하다.

(3) 시험지를 평가하는 가장 좋은 방법은 학생들이 적어내야 하는 모든 문제들에 대하여 1점씩을 할당하는 것이다. 그러니까, 만약 어떤 문제가 세 부분으로 나누어져 있는데, 각 부분마다 따로 대답을 제시해야 하는 경우라면 그 문제에는 3점을 배정해야 한다. 다음으로, 그 학생이 정답을 맞힌 백분율을 계산하려면, 단순히 그 학생의 정답 숫자에다 전체 정답의 숫자를 나눈 값에다 100을 곱한다. 학점은 90/80/70/60점을 기준으로 학생에게 주면 된다.

(4) 본문에 제시된 모든 정의들은 집중적으로 초점을 맞춰야 하는 부분이다. 이 용어들은 〈단원 학습 지침〉에도 등장할 것이며 반드시 암기해야 하는 정의들이다.

(5) 본문에서 진한 글씨체로 표시된 말들은 모든 학생들이 반드시 알아야 하는 굉장히 중요한 용어다.

(6) 〈단원 학습 지침〉에 나오는 문제들은 학생들이 시험에 대비하여 꼭 알아두어야 하는 것들에 관한 예상 문제다. 학습 지침에 나오는 문제들에 대답하기 위하여 필요한 모든 정보는 시험을 치르기 위해 학생들이 꼭 알아두어야 하는 정보다.

여러 가지 다양한 실험들

이 책에서 소개하는 다양한 실험들은 교과 과정을 공부하면서 곧바로 진행하게 되어 있다. 이와 같은 실험들은 《실험 관찰 노트》에 계속해서 꼼꼼하게 기록하기를 권한다. 《실험 관찰 노트》에 실험 과정을 치밀하게 기록하는 동안에 여러분은 실험 과정에서 탐구하는 온갖 개념들을 훨씬 더 깊이 생각해보게 될 것이다. 그를 통해서 여러 개념을 명료하게 새기게 된다.

다음과 같은 방식으로 실험을 진행하기를 권한다.

* 교재를 읽고서 실험을 진행하려고 할 때 전체 실험 과정을 철저히 읽어보아라. 그래야만 어떻게 해야 하는지를 신속히 이해하고, 전체적인 그림을 그릴 수 있다.
* 일단 전체 실험 과정을 읽은 다음에는 《실험 관찰 노트》의 새로운 페이지에 기록하라. 첫 번째 페이지에는 실험 과정에서 사용될 모든 자료들을 기록해 놓는 동시에, 실험 과정에서 논의될 모든 토론 문제도 기록하라.
* 실험을 모두 마쳤을 때에는 《실험 관찰 노트》에 이미 기록해 놓은 각종 자료와 연습 문제에 바로 이어서 간략한 실험 보고서를 작성해야 한다. 그 보고서에는 어떤 실험을 진행했으며, 실험을 통해서 무엇을 배우고 알게 되었는지에 대한 간단한 설명이 포함되어 있어야 한다. 그런 방식으로 설명을 기록해 놓으면 이 책을 전혀 읽지 않은 사람이라도 그 설명을 읽고, 여러분이 어떤 기본적인 절차에 따라 실험을 했는지, 실험 결과로부터는 또 무엇을 배웠는지를 잘 파악할 수 있게 된다.

실험을 할 때에는 기본적인 안전 수칙을 꼭 지켜야 한다! 대부분의 실험이 모두 안전한 실험이지만 사고는 늘 작은 일에서 발생한다. 실험에서 사용하는 어떤 화학 물질도 절대로 입에 대어서는 안되며 불을 사용하는 실험은 늘 조심해서 진행해야 한다. 실험을 할 때는 눈을 보호하는 안경을 쓰도록 하자.

무엇을 도와드릴까요?

Apologia Educational Ministries, Inc. Curriculum Support

이 책을 사용하면서 질문이 생기면, 다음과 같은 방법으로 언제든지 연락주세요.

제이 와일 박사

Apologia Educational Ministries, Inc.
1106 Meridian Plaza, Suite 220
Anderson, IN 46016 USA

help@apologia.com
www.apologia.com
FAX. 765-608-3290(USA)
Tel. 765-608-3280(USA)

이홍배 선생님

서울시 송파구 잠실 7동 115번지 아주중학교
davidlee@paran.com

【학습 지침】 해답편

단원 ❶ 학습 지침 해답

1. a. 원자 - 물체를 이루는 가장 작은 알갱이 또는 화학적 단위
   b. 분자 - 고유의 특성이 있는 물질을 만들려고 서로 연결된 두 개 이상의 원자
   c. 농도 - 특정 부피 안에 있는 물질의 양

2. 이황화탄소는 분자로 이루어져 있다. 이것은 더 작은 성분으로 나누어질 수 있기 때문에 분자로 이루어져 있는 것이다. 이것이 원자로 이루어져 있다면 원자가 가장 작은 화학 단위라는 점에서 더 작은 단위로 나누어질 수 없을 것이다. 분자가 원자로 이루어져 있다고 해서 이황화탄소가 원자로 이루어져 있다고 생각하면 안 된다. 분자란 고유한 속성이 있다고 했다. 즉 이황화탄소의 속성을 가지는 원자는 존재하지 않는다. 이황화탄소 분자만이 이황화탄소의 속성이 있으므로 분자로 이루어져 있는 것이다.

3. 어떤 원자가 어떤 분자의 일부분일 때, 그 분자가 원자의 특성을 취하는 것이 아니므로, 녹은 자석을 끌어당기지 않는다. 그 대신 그 분자의 원자는 분자에 그것만의 고유한 특성을 부여하면서 결합한다.

4. 실험 1.1에서 구리선이 그랬던 것처럼 동상도 약간 녹색으로 바뀌게 될 것이다. 이는 구리 히드록시카보네이트를 만들기 위해 공기 중의 이산화탄소와 물과 반응하는 구리 원자에 의한 것이다.

5. 과학자들은 아직 원자를 본 적이 없다. 주사형 터널 현미경의 사진은 원자의 실제 사진이 아니다. 그 사진은 전기와 양성자 역학이라는 이론과 관련된 컴퓨터가 계산한 결과일 뿐이다.

6. 센티는 0.01, 밀리는 0.001, 킬로는 1,000을 의미한다.

7. 질량은 미터법 단위의 그램(g)으로 측정되며, 영국식 단위계에서는 슬러그(slug)로 측정된다.

8. 부피는 미터법 단위의 리터(L)로 측정되며, 영국식 단위계에서는 갤런(gallon), 파인트(pint), 쿼트(quart)로 측정된다.

9. 길이는 미터법 단위의 미터(m)로 측정되며, 영국식 단위계에서는 피트(ft), 야드(yard), 인치(inch), 마일(mile)로 측정된다.

10. m를 ㎝로 변환해야 하기 때문에 c(센티)가 0.01이라는 것을 알아야 한다. 1㎝는 0.01m와 같으므로 다음과 같다.

$$1\text{cm} = 0.01\text{m}$$

그리고 이 값을 분수로 나타낸다.

$$\frac{1.3\text{m}}{1}$$

이제 변환 관계를 사용할 수 있다. 값을 ㎝로 나타내야 하기 때문에 분모에는 m가 있고(m 단위를 상쇄시키기 위함) 분자에는 ㎝가 있는(㎝을 남겨야 하기 위함) 분수로 이 값을 곱해주어야 한다. m가 분수의 분모에 있기 때문에 '0.01' 도 분모에 놓는다. 그리고 ㎝도 1과 함께 분자에 놓는다.

$$\frac{1.3\cancel{\text{m}}}{1} \times \frac{1\text{cm}}{0.01\cancel{\text{m}}} = 130\text{cm}$$

따라서 1.3m는 130㎝와 같다.

11. kg을 g으로 변환할 것이므로, k가 1,000임을 알아야 한다. 1kg는 1,000g와 같으므로 다음과 같다.

$$1\text{kg} = 1{,}000\text{g}$$

이것이 변환 관계이며, 이 값을 분수로 나타낸다.

$$\frac{75\text{kg}}{1}$$

이제 변환 관계를 사용할 수 있다. 값을 g로 나타내야 하기 때문에 분모에는 kg가 있고(kg 단위를 상쇄시키기 위함) 분자에는 g가 있는(g을 남겨야 하기 위함) 분수로 이 값을 곱해주어야 한다. kg이 분수의 분모에 있기 때문에 '1' 도 분모에 놓는다. 그리고 g도 1000과 함께 분자에 놓는다.

$$\frac{75\cancel{\text{kg}}}{1} \times \frac{1000\text{g}}{1\cancel{\text{kg}}} = 75{,}000\text{g}$$

따라서 이 사람의 질량은 75,000g이다.

12. 앞의 두 문제와 같은 절차를 사용한다. 설명은 생략하겠다.

$$\frac{0.500\cancel{\text{gal}}}{1} \times \frac{3.78\text{L}}{1\cancel{\text{gal}}} = 1.89\text{L}$$

따라서 0.500gal은 1.89L이다.

13.

$$\frac{100.0\cancel{\text{cm}}}{1} \times \frac{1\text{in}}{2.54\cancel{\text{cm}}} = 39.4\text{in}$$

미터자는 39.4in이다. 여기서 답을 반올림했음을 유념하도록 하자. 실제 답은 '39.3700787410' 이었지만, 숫자 개수가 너무 많아서 반올림한 것이다. 화학을 공부하게 되면, 반올림을 어디서 해야 하는지 파악하는 개념인 유효숫자에 대해 배우게 될 것이다. 지금은 걱정할 필요 없다. 다른 곳에서 반올림했다고 해도 상관없다.

14. 빵을 구울 때 발생하는 오존은 위험할 정도로 농도가 높지 않기 때문에 빵을 굽는 것은 위험한 행동이 아니다. 오존은 유독한 물질이지만 농도가 낮을 때에는 인간에게 좋지 않은 영향을 끼치지 않는다. 그러나 농도가 높아지면 인간을 사망에 이르게 할 만큼 유독한 물질이다.

【실험 예제】 해답편

실험 1.2 예제 해답

- '규빗' 줄에 들어가는 '손가락' 줄의 개수 : 17.3 손가락
- 규빗으로 측정한 탁자 길이 : 2.3 규빗
- 손가락으로 측정한 탁자 길이 : 40 손가락
- 규빗으로 측정한 탁자 너비 : 2.5 규빗
- 손가락으로 측정한 탁자 너비 : 42.5 손가락

- 규빗으로 측정한 탁자의 길이를 손가락으로 변환하면 다음과 같다.

$$\frac{2.3\text{~~규빗~~}}{1} \times \frac{17.3\text{손가락}}{1\text{~~규빗~~}} = 39.79\text{손가락}$$

이 변환된 값은 측정된 40 손가락과 매우 유사하다.

- 규빗으로 잰 탁자의 너비를 손가락으로 변환하면 다음과 같다.

$$\frac{2.5\text{~~규빗~~}}{1} \times \frac{17.3\text{손가락}}{1\text{~~규빗~~}} = 43.25\text{손가락}$$

이 변환된 값은 측정된 42.5 손가락과 매우 유사하다.

단원 ❷ 학습 지침 해답

1. a. 습도 - 공기의 수분 함유량, 공기의 습한 정도
   b. 절대 습도 - 1㎥의 공기 속에 포함된 수증기의 질량을 그램 수로 나타낸 수
   c. 상대 습도 - 어떤 온도에서 공기 중에 있는 수 포함할 수 있는 수증기의 최대 질량(A)과 그 온도에서 공기가 실제로 포함하고 있는 수증기의 질량비(B)를 %로 나타낸 것
   d. 온실 효과 - 지구로부터 방출되는 열을 특정 기체들이(주로 수증기, 이산화탄소, 메테인) 잡아 기온이 상승하는 현상
   e. ppm - 어떤 혼합물에 존재하는 백만 개의 분자(또는 원자) 중, 그 혼합물에 존재하는 한 성분의 분자(또는 원자) 개수

2. 습도는 첫째 날에 더 높다. 이 사람이 둘째 날에 더 추위를 느꼈다면(온도가 같았는데도 불구하고) 첫째 날보다 둘째 날에 땀이 더 빨리 증발했다는 것이다. 즉, 첫날의 습도가 더 높았던 것이다.

3. 어린이는 두 번째 날에 더 많은 물을 채워야 했을 것이다. 습도는 두 번째 날에 더 낮았으므로 어항의 물은 그 날 더 빠르게 증발했을 것이다.

4. 물은 증발되지 않을 것이다. 상대 습도가 100%이기 때문에 공기는 더 이상 수증기를 포함할 수 없을 것이다. 결과적으로 증발도 발생하지 않는다.

5. 땀을 흘리면 땀이 증발할 때 피부에서 에너지를 빼앗아가기 때문에 시원함을 느끼게 된다. 에너지가 피부에서 없어지면 더 시원하게 된다.

6. 건조한 공기에는 질소가 78%, 산소가 21% 들어 있다.(1%는 기타 공기의 함유량이다.)

7. 공기에 이산화탄소가 없다면 지구가 계속 추워질 것이다. 이산화탄소는 온실 가스이므로, 온실 효과가 약해지게 되면서 지구를 차갑게 나두게 될 것이다. 식물이 기아로 말미암아 살아남지 못한다고 대답할 수도 있다.

8. 공기 중에 오존이 없다면, 자외선이 살아있는 많은 생명체를 죽이고 말 것이다.

9. 공기 중에 산소가 늘어가게 되면 생명체들이 건강을 유지할 수 없게 되고, 산불의 빈도나 세기가 강해질 것이다.

10. 새로운 행성이 지구와 같은 온도를 가질 것이라고 예상할 수 있는 근거는 없다. 기본적으로 모든 온실 가스가 같은 수준이 동일한 공기가 아니라면 같은 온도가 되지 못한다. 예를 들어, 수성은 금성보다 지구에 훨씬 더 가깝지만, 금성은 수성보다 더 따뜻하다. 금성에서의 온실 효과가 더 강력하기 때문이다.

11. 질소는 우리가 내쉬는 공기의 대부분을 구성하고 있다. 그림 2.5를 참조한다.

12. 산소를 더 많이 내뱉는다. 그림 2.5를 참조한다.

13. 없다. 그림 2.6을 보면 지구의 평균 온도가 지난 80년 동안 거의 일정했음을 알 수 있다.

14. ppm과 %와의 관계를 기억하자. 따라서 단위 인자법을 사용하기만 하면 답을 구할 수 있다.

$$\frac{0.110\cancel{\text{ppm}}}{1} \times \frac{1\%}{10{,}000\cancel{\text{ppm}}} = 0.0000110\%$$

따라서 0.110ppm의 농도는 0.0000110%와 같다.

15. %와 ppm과의 관계를 알고 있으므로 단위 인자법을 사용하여 단위를 변환할 수 있다.

$$\frac{0.023\%}{1} \times \frac{10{,}000\text{ppm}}{1\%} = 230\text{ppm}$$

따라서 샘플 공기 중에 있는 산화질소의 농도는 230ppm이다.

16. 공기는 30년 전보다 오늘날 더 깨끗해졌다. 그림 2.9를 참조한다.

17. 비용-편익 분석법은 어떤 행동으로 얻을 수 있는 이익과 대가를 판단함으로써 그 행동을 취해야 하는지의 여부를 결정하는 것이다. 이익이 대가보다 많으면, 그 행동을 취해야 하고, 그렇지 않으면 취하지 않는다.

18. 촉매 변환기는 자동차 배기가스 중 일산화탄소를 이산화탄소로 바꾸어주는 역할을 한다. 오늘날 이것을 가지고 있는 대부분의 자동차는 공기 중의 일산화탄소 농도를 1975년부터 70% 이상까지 낮추는데 중요한 역할을 했다.

19. 가스 세정기는 굴뚝에서 아황산을 잡아 이들이 공기 중으로 나가지 못하도록 막는다. 이들은 공기 중의 아황산 농도가 70% 이상 감소하게 만든 이유 중 하나다.

20. 지표 오존은 독성이 있고 우리가 들이마실 수 있는 곳에 존재하므로 오염 물질이라고 할 수 있다. 오존층의 오존은 우리가 들이마실 수 없는 높은 곳에 존재하므로 오염 물질이 아니며, 그의 유독한 성질은 중요하지 않다. 오존층은 태양으로부터 오는 자외선을 차단하기 위해 필요하다.

단원 ❸ 학습 지침 해답

1. a. 대기 - 지구 주위를 둘러싸고 있는 공기 덩어리
   b. 대기압 - 대기 안에 있는 모든 물체에 대기가 가하는 압력
   c. 기압계 - 기압을 측정하는 계기
   d. 균질권 - 지구 대기의 하단층, 지면에서부터 해발 약 80km까지에 존재한다.
   e. 비균질권 - 지구 대기의 상단층, 해발 약 80km의 위쪽에 존재한다.
   f. 대류권 - 지면 높이에서 해발 약 11km까지에 해당하는 대기층
   g. 성층권 - 해발 약 11km부터 48km까지 존재하는 대기층
   h. 중간권 - 해발 약 48km부터 80km까지 존재하는 대기층
   i. 제트 기류 - 지구의 원을 그리며 서쪽에서 동쪽으로 고속의 좁은 바람 띠

j. 열 - 온도 차이로 말미암아 전달되는 에너지

k. 온도 - 물체의 차고 뜨거운 정도를 나타내는 물리량

l. 열권 - 해발 약 80km부터 460km 사이에 있는 대기층

m. 외기권 - 해발 약 460km 위에 있는 대기층

n. 전리층 - 해발 약 65km와 330km 사이에 존재하는 기체가 이온화되는 대기층

2. 대기압이 이전보다 더 커질 것이다. 즉, 공기 중의 분자가 두 배가 되었다면, 대기에 있는 모든 것을 누르는 공기의 질량이 두 배만큼 무거워질 것이다.

3. 이 학생들은 다른 액체를 사용했다. 첫 번째 학생이 사용한 어떤 부피의 액체는 두 번째 학생이 사용한 동일한 부피의 액체가 더 무거웠다. 액체 기둥의 높이는 그 액체를 누르는 대기압을 상쇄시키는데 필요한 액체 양에 의해 결정된다. 액체가 무겁다면 액체의 양이 줄어들 것이다. 즉, 첫 번째 학생이 사용한 어떤 부피의 액체가 두 번째 학생이 사용한 동일한 부피의 액체보다 더 무거웠다면, 첫 번째 학생의 기압계에 있던 액체가 대기압이 누르는 힘을 상쇄시킬 만큼 높이 올라갈 필요가 없다.

4. 대기압 25.4in의 수은이 보도될 것이다. 1.0atm은 해발 평균 대기압에 해당하기 때문에 0.85atm은 대기압이 평균보다 작다는 것을 의미한다.

5. 첫 번째 것이 균질권에서 채취한 공기이다. 균질권에서는 공기 중의 기체 혼합물이 전체에서 동일하다. 이것은 우리가 이전 단원에서 배웠던 혼합물이다. 비균질권은 고도에 따라 여러 구성을 갖고 있다.

6. 기구는 온도 측정값이 낮아지는 것을 멈추고 올라가기 시작할 때 성층권에 진입한 것이다. 또한 온도 측정값이 올라가는 것을 멈추고 내려가기 시작할 때 중간권에 진입한 것이다. 온도 변화도는 성층권에서도 변하고 중간권에서도 변하기 때문에, 위와 같은 사실을 사용하여 기구가 대기 중 그러한 부분에 도달하게 되었을 때 판단할 수 있다.

7. 대류권, 성층권, 중간권

8. '양의 변화도' 를 의미하는 것이다. '압력 변화도' 라고 답할 수도 있다. 공기의 양이나 압력은 모두 고도가 올라감에 따라 낮아진다. '변화도' 라는 것은 안정적인 변화를 의미하는 것이므로, 그 용어는 양과 함께 사용할 수 있다.

9. 비행기는 성층권에서 비행 중이다. 대류권은 대부분의 기후 현상이 존재하는 영역이다.

10. 두 번째 유리병에 가장 높은 온도의 기체가 포함되어 있다. 온도는 어떤 물질에 존재하는 임의의 운동 에너지

를 측정한 것이다. 두 번째 유리병에 존재하는 분자가 더 높은 속력을 가지고 있기 때문에 더 많은 에너지를 가지고 있고, 온도도 더 높은 것이다.

11. 동료의 말은 옳다. 열은 전달되고 있는 에너지를 의미한다. 추위를 느끼는 이유는 에너지가 신체에서 주위 공기로 전달되고 있기 때문이다. 이상하게 들릴지는 모르겠지만 전달되는 에너지 때문에 추위를 느끼는 것이다. 열 때문에 추위를 느낀다는 말이다!

12. 온도 변화도는 반대가 되어 그 영역 근처에서는 더 따뜻해진다. 온실 가스 영역 층으로 말미암아 성층권에서는 고도가 올라갈수록 온도가 올라가게 된다는 점을 기억하자. 이산화탄소도 온실 가스이므로 같은 효과를 얻게 된다.

13. CFCs는 년중 몇 달 동안만 남극 대륙 위의 오존을 고갈시키므로, CFCs를 금지한다고 해서 많은 생명체를 구하기는 힘들 것이다. 그 지역에는 인구가 많지 않고 고갈 현상이 일시적이기 때문에 '오존 구멍' 은 인간의 생존을 위한 것이 되지 못한다.

14. CFCs의 금지는 냉장고, 외과 수술용 소독, 그리고 소화 작업에 효율을 떨어뜨려 기아, 식중독, 외과 수술의 감염, 그리고 화재로 인한 사망을 초래하게 되어 더 많은 죽음을 일으킨다.

15. 염소를 포함하고 있는 일부 인공 분자는 오존층까지 도달할 수 있겠지만, 자연적으로 생성된 대부분의 염소 함유 분자는 그렇지 못한다. 따라서 우리가 염소 함유 분자를 거의 생성하지 않는다고 하더라도 대부분 오존 고갈이 발생하는 오존층까지 도달할 수 있다. 그 결과 오존층에 존재하는 대부분의 오존 파괴 분자는 인공적인 것이다.

16. 극소용돌이가 CFCs를 오존층까지 올린다. 극소용돌이는 계절적인 것으로 대부분 오존 고갈이 발생하는 남극에서 발생하는 것이다.

17. 중간권의 상단부분과 열권의 하단부분 사이에 존재하는 대기층이다. 이 영역은 무선 통신에 유용한 부분으로 무선 신호를 튕겨내어 범위를 넓힐 수 있다. 약 65km에서 330km까지의 고도에 해당하는 부분이라는 해답도 맞는 것으로 한다.

1. a. 전기 분해 - 전기를 사용하여 분자를 더 작은 단위로 분해하는 것
   b. 극성 분자 - 전자 공유의 불균형 때문에 약한 양전하 및 음전하를 가지는 분자
   c. 용매 - 다른 물질을 용해할 수 있는 액체 물질
   d. 용질 - 용매에 용해되는 물질
   e. 응집력 - 각 분자의 끌어당기는 힘이 너무 강력해서 이들이 응력에 노출되었을 때에도 서로 붙어 있으려는 현상
   f. 경수 - 주로 칼슘 이온과 마그네슘 이온 등이 녹아있는 물

2. 결과는 산소와 수소의 양이 동일해진다(b). 화학식을 보면 각 과산화수소 분자 내에 2개의 수소와 2개의 산소가 존재함을 알 수 있다. 따라서 각 원자는 동일한 양을 가지고 있으며, 각 기체의 양도 동일하다.

3. 화학식 HO가 잘못된 결과로 더 가능성이 있다. 수소가 있던 시험관이 서서히 새고 있었다면, 원래 모여야 했던 양보다 적은 양의 수소가 모였을 것이다. 따라서 이 실험에서는 수소 원자가 더 적은 화학식을 얻게 된다. 는 더 많은 수소가 있는 화학식이고, HO는 더 적은 수소가 있는 화학식이다.

4. Mg이나 S 뒤에는 아래첨자가 없으므로, 마그네슘 원자는 한 개, 황 원자도 한 개 있다는 것이다. O 뒤에는 아래첨자가 4이므로, 산소 원자는 4개 있다는 것을 의미한다.

5. 각 기호 뒤에 아래첨자를 넣어 원자의 개수를 표시한다. 개수가 한 개이면, 아래첨자를 넣지 않으면 된다. 따라서 답은 $CaCO_3$이다.

6. N 뒤에는 아래첨자가 없으므로, 원자는 1개 존재하는 것이다. 그다음 문자는 대문자이므로, 또 다른 원자를 나타내는 것이다. 그 뒤의 아래첨자는 3이므로, 그 원자가 3개 있다는 것이다. 따라서 원자는 총 4개 있다.

7. 아니다. 이 분자는 극성이 아니다. 모든 원자가 같은 힘으로 전자를 끌어당기고 있다면, 어느 것도 공정하게 공유하고 있는 전자보다 더 많은 전자를 가지지 못할 것이다.

8. 베이킹소다는 식물성 기름에서 용해되지 않는다. 베이킹소다는 물에서 용해되기 때문에 이온성이거나 극성 성질을 가지고 있다. (이것은 이온이다.) 무극성 물질에서는 무극성 물질만이 용해될 수 있기 때문에 이것은 무극성 물질에서는 용해되지 않을 것이다.

9. 사염화탄소는 아마도 무극성 분자로 이루어져 있을 것이다. 그렇지 않으면 물에서 용해될 수 있었을 것이다.

10. 고체 물의 분자는 액체였을 때보다 더 멀리 떨어져 있게 되므로, 액체인 물이 더 많은 분자를 가지고 있을 것이다. 부피가 같을 때에는 액체에 더 많은 분자가 존재한다.

11. 거의 대부분의 다른 물질들은 고체일 때 더 많은 분자를 가지고 있다. 대부분의 다른 물질들은 고체 상태일 때 분자가 더 가깝게 있으므로, 부피가 같을 경우에는 액체일 때와 비교했을 때 더 많은 분자를 갖고 있다.

12. 수소 결합이 그 근원이다. 수소 결합은 분자를 가까이로 가져와서 가깝게 있도록 만든다.

13. 표면 장력은 응집력 때문에 발생한다. 물의 경우에는 수소 결합 때문이라고 답할 수도 있을 것이다. 그러나 다른 물질들은 수소 결합이 없어도 표면 장력이 존재한다. 수소 결합은 물의 표면 장력이 다른 물질의 표면 장력보다 더 강하게 만들어주는 것뿐이다.

14. 이 세계의 특정 지역은 다른 지역보다 금속-함유 물질을 더 많이 가지고 있어서 그러한 지역에서는 물이 더 세다. 이것은 금속 이온이 용해되어 있는 것으로 경수를 만들어내게 된다.

단원 ❺ 학습 지침 해답

1. a. 수권 - 행성에 있는 모든 물
   b. 물의 순환 - 물이 지구의 여러 가지 물의 근원들 간에 끊임없이 교환되는 과정
   c. 증산 - 식물에서 물의 증발 현상
   d. 응결 - 포화 증기의 온도 저하 또는 압축에 의하여 증기의 일부가 일부 액체로 변하는 현상
   e. 강수 - 대기에서 비, 눈, 진눈깨비, 우박으로 떨어지는 물
   f. 증류 - 혼합물의 각 구성 성분을 분류하기 위한 혼합물의 증발과 응결
   g. 체류 시간 - 어떤 입자가 어떤 계에 머무는 평균 시간
   h. 염분 - 바닷물 1kg속에 들어 있는 염류의 총질량(‰)【단위 : ‰(퍼밀)사용】
   i. 만년설 - 오래된 눈의 조밀한 얼음덩이
   j. 지하수면 - 물에 포화된 토양과 포화되지 않은 토양 사이에 존재하는 선
   k. 삼투 - 토양의 물이 지하수면 쪽으로 흘러 내려가는 과정
   l. 단열 냉각 - 기체가 더 많은 에너지를 받지 않고 팽창되었을 때 일어나는 기체의 냉각 현상
   m. 구름 응결핵 - 구름을 형성하기 위해 수증기가 응결하는 공기 중의 작은 입자

2. 지구에 있는 대부분의 물은 염분이다. 지구에 있는 물의 97% 이상이 바다이기 때문이다.

3. 민물 중 가장 큰 근원은 빙하와 빙산이다.

4. 액체 민물 중 가장 큰 근원은 지하수이다.

5. 물은 증발과 증산 작용에 의해 대기로 들어갈 수 있다.

6. 빗방울이 토양으로 스며들지 않는다면, ①지표면 유출을 통해 강으로 흘러가게 될 것이다. ②지하수에 스며들거나 지하수 흐름을 통해 강으로 가게 될 수도 있다. ③토양으로 들어가서 식물이 흡수한 뒤, 대기로 증산되고, 구름으로 응결되어, 강으로 강수가 되어 내릴 수도 있다. ④지표면에 스며들기 전에 증발되어 구름으로 응결되고, 강에 강수로 내릴 수도 있다. 네 가지 답 중 세 가지만 맞추면 된다.

7. 증산 작용은 토양에 있던 물이 대기로 들어가는 것이다. 토양에 있던 토양 수분을 식물이 흡수하여 증산 작용에 의해 대기로 보내기 때문이다.

8. 강의 체류 시간이 더 짧다. 체류 시간은 물이 다른 근원과 빠르게 교환될 때 짧아진다.

9. 호수 증발 이외에 다른 방법으로 물이 없어질 수 있는 방법이 있어야 한다. 이는 보통 호수가 강이나 개울로 흘러갈 때 이루어진다. 물이 없어질 수 있는 방법이 증발밖에 없다면, 호수가 받은 염분의 농도가 짙어져서 염수가 되어 버릴 것이다.

10. 지구가 생긴 지 수억만 년이라면 지금보다 바다의 염분이 훨씬 더 많아야 한다. 염분은 바다에 축적되는 것이기 때문에 지구가 생긴 지 오래되었을수록 바다에는 염분이 더 많아지게 된다. 지구가 처음 생겨났을 때 바다에 염분이 하나도 없었다고 가정하더라도 바다의 염분이 지금과 같아지려면 62백만 년만 지나면 된다(수억만 년이 아님).

11. 녹은 해빙은 염수와 같은 맛이 날 것이다. 얼 때 염분이 해빙에 섞이기 때문이다.

12. 빙산은 빙하로부터 비롯된다. 빙하가 바다로 이동하면, 부서지게 되면서 빙산으로 떠다니게 되는 것이다.

13. 빙하는 산에서 여름에 완벽하게 녹지 않은 눈 때문에 생겨나는 것이다. 눈이 많이 쌓이게 되면 무게가 무거워져서 산 아래로 미끄러져 내려가고 빙하가 되는 것이다.

14. 빙하의 일부분이 깨져서 바다로 떨어지는 것을 빙하분리라고 한다.

15. 선장은 빙산의 90%가 물 아래에 있으므로 보이지 않기 때문에 우려했던 것이다. 선장은 빙산의 보이는 부분은

피할 수 있도록 조종했지만, 배의 아래 부분에는 아직도 빙산에 충돌할 수 있는 위험이 있는 것이다.

16. 지하수면은 나무가 많은 지역에서 더 깊을 것이다. 나무가 없는 영역에는 토양 수분을 가져갈 나무가 없기 때문에, 그리고 같은 종류의 풀이 있었다고 하였으므로, 나무가 많은 지역이 없는 지역보다 토양 수분을 더 빨리 없앨 수 있게 된다. 그렇기 때문에 나무가 있는 지역의 토양은 불포화 토양이 더 많을 것이고, 지하수면은 더 깊어질 것이다.

17. 공기는 팽창되면서 온도가 낮아지게 될 것이다. 그것이 단열 냉각이다.

18. 실험 5.3에서의 구름과 같이, 안개는 연기가 있는 곳에서 더 짙어지게 될 것이다.

19. 실험 5.3에서의 구름과 같이, 단열 냉각은 대부분의 구름을 형성하는데 일조한다.

20. 냉장고가 기체를 압축하면 기체의 온도가 올라가게 되어 기체가 팽창한다. 그러면 액체가 증발하면서 다시 기체가 냉각된다. 냉장고 내부가 차가운 이유는 팽창된 기체가 이동하는 배관이 냉장고 내부에 노출되어 있기 때문이다. 만일 설계를 약간 바꾸어 압축된 기체가 이동하는 배관을 냉장고 내부로 넣으면 내부가 가열될 것이다.

21. 지하수 오염은 지하수가 무엇으로부터 오염되었는지 알아낼 수 있는 방법이 없으므로, 추적하기 힘든 오염의 종류이다.

단원 ❻ 학습 지침 해답

1. a. 지구의 지각 - 지구에 있는 암석의 가장 바깥 층
   b. 침전물 - 바람, 물, 얼음 등에 의해 운반되어 침전되는 물질과 바위의 작은 고체 조각. 모래, 진흙, 자갈 등이 있다.
   c. 퇴적암 - 침전물이 시멘트화 작용에 의해 단단하게 만들면서 형성되는 암석
   d. 화성암 - 마그마가 냉각, 응고 되어 굳어진 암석
   e. 변성암 - 거대한 압력과 열 때문에 성질이나 조직이 변한 암석
   f. 유연 암석 - 액체와 고체 사이의 형태처럼 행동하는 암석
   g. 지진 - 화산 활동부터 단층 주변으로 갑작스런 암석 덩어리의 이동을 일으키는 지표면의 진동
   h. 단층 - 서로 다른 암석과 연계하여 움직일 수 있는 두 개의 암석권의 경계면
   i. 진원 - 지진이 시작되는 지점

j. 진원지(진앙) - 지구의 진원 바로 위에 있는 지표면 지점

2. 지구는 대기권, 수권, 지각, 맨틀, 핵으로 나뉜다.

3. 대기권, 수권과 지각은 직접 관찰할 수 있다.

4. Moho 불연속면은 맨틀과 지각을 구분하는 면이고 구텐베르크 불연속면은 핵과 맨틀을 구분하는 면이며, 레만 불연속면은 외핵과 내핵을 구분하는 면이다.

5. 퇴적암은 화학 반응에 의해 침전물이 고체화되어 형성된 것이고, 화성암은 녹은 마그마가 고체화되어 형성된 것이다.

6. 변성암은 화성암과 퇴적암이었던 암석이 높은 온도와 압력에 의해 변성되어 만들어지는 암석이다.

7. 온도와 압력이 너무 강하면 암석이 어떤 때는 액체처럼 되었다가, 어떤 때는 고체처럼 된다. 그래서 유연 암석이라고 부르는 것이다.

8. 과학자들은 주로 지진파를 관찰한다. 지진파는 지진에 의해 발생되는 것으로, 지진파를 관찰하면 맨틀과 핵의 구성이나 특성을 알아낼 수 있다.

9. 내핵은 압력 냉각으로 말미암아 고체가 된 것이다. 내핵이 외핵보다 더 뜨겁기는 하지만 철 원자에 가해지는 압력이 고체가 될 만큼 강하지 않기 때문에 고체 상태를 유지하고 있다.

10. 지구의 자기장은 지구의 핵으로부터 생성된다.

11. 자기장은 핵에 엄청난 양의 전기적 흐름으로부터 발생된다.

12. 다이나모 이론은 핵의 움직임이 핵의 온도 차이와 지구의 회전 때문이라고 설명한다. 이 움직임으로 말미암아 핵에 전하가 움직이게 되고, 전기적 흐름이 만들어진다. 고속—붕괴 이론은 지구가 형성된 방식의 결과로 시작된 핵의 전기적 흐름이 시간이 지나면서 줄어들게 될 것이라고 설명한다.

13. 고속-붕괴 이론은 다른 행성의 자기장들도 정확하게 예측해냈다. 다이나모 이론은 전혀 예측해내지 못했다.

14. 고속-붕괴 이론이 지구의 자기장이 몇 번 바뀌었다는 사실과 일치하려면 전 세계적인 대변동이 있어야 한다.

15. 고속-붕괴 이론은 노아의 홍수와 같은 대변동이 있어야 한다는 사실과 지구가 형성된 지 10,000년도 되지 않았을 것이라는 사실을 설명하고 있다. 대부분의 과학자들이 꺼려하는 부분이 바로 이 부분이다. 그러한 사실을 뒷받침하는 근거가 존재하는데도 꺼려하는 것이니 유감스러운 일이다.

16. 자기장이 없으면 태양으로부터 들어오는 우주선(cosmic ray)이 지구에 충돌하게 된다. 이 선은 지구에 있는 모든 생명체를 살아남지 못하게 만들 것이다.

17. 판이란 지구 암석권의 큰 '섬' 을 말한다. 이 판들은 암류권의 유연 암석 위를 떠 다닌다.

18. 한 개의 판이 다른 판 아래로 들어가서 협곡을 형성하게 된다. 판이 서로 다른 방향으로 이동하여 마그마가 상승하게 되어 새로운 지각을 생성한다. 판이 서로 밀어서 지각이 접히게 된다. 판이 서로를 따라 미끄러진다.

19. 판게아란 지구의 과거에 존재했다고 할 수 있는 가설적인 초대륙을 말한다. 한 때 모든 대륙은 서로 일치하여 이 초대륙을 형성했다고 한다.

20. 일부 과학자들은 보통 지구가 생성된 지 수백억 년이 되었을 것이라는 생각을 믿고 있기 때문에 판 구조론을 무시하려고 한다. 대륙은 항상 천천히 움직이고 있다는 것을 뒷받침하는 근거는 없기 때문에 매우 안타까운 일이다. 실제로 노아의 홍수와 같은 대변동이 있었다면, 대륙은 매우 빠르게 움직일 수 있다.

21. 지진은 암석 덩어리의 움직임이나 화산 활동으로 말미암아 발생된다.

22. 탄성반발설에서 서로 상대적으로 움직이는 암석 덩어리는 그들 사이에 있는 단층의 거칠고 들쭉날쭉한 가장자리에 붙잡히게 될 수 있다. 암석 덩어리는 계속 움직이기 위해 휘어지기 시작한다. 그러다가 응력이 너무 커지면 움직이려는 암석이 자유로워지면서 단층 양쪽에 있던 암석 덩어리가 원래의 모습으로 돌아가게 된다. 그 결과로 발생하는 진동이 우리가 느끼는 지진이다.

23. 진도가 한 단계 올라갈 때마다 지진 에너지에 32를 곱해야 한다. 처음 진도가 4였고 두 번째 진도가 8이었다면, 두 번째 지진은 4 단계가 높은 것이다. 따라서 처음 지진보다 $32 \times 32 \times 32 \times 32 = 1,048,576$ 배 더 많은 에너지를 방출하게 된다.

24. 네 가지 타입의 산은 화산, 돔모양산, 단층산맥, 습곡산맥이 있다. 화산과 돔모양산은 지구 맨틀에서 마그마가 올라와 형성되며, 단층산맥은 단층의 수직적인 이동으로 말미암아 형성되고, 습곡산맥은 암석 덩어리가 서로 밀면서 형성된다.

단원 ❼ 학습 지침 해답

1. a. 원일점 - 지구가 태양에서 가장 멀리 있는 지점
   b. 근일점 - 지구가 태양에서 가장 가까이 있는 지점
   c. 경도선 - 지구에 북과 남으로 그려지는 가상의 선
   d. 위도선 - 지구에 동과 서로 그려지는 가상의 선
   e. 코리올리 효과 - 지구의 회전이 바람, 바다의 흐름, 그리고 다른 위도 쪽으로 날린 물체의 경로를 바꾸는 방식
   f. 기단 - 비교적 균일한 압력, 온도, 습도를 가지고 있는 공기 덩어리
   g. 기상전선 - 두 기단 사이의 경계

2. 날씨는 날마다 바뀌지만, 기후는 그렇지 않다. 기후는 어떤 지역에 일반적으로 예상될 수 있는 것을 말하며, 날씨는 날마다 실제로 일어나는 것을 말한다.

3. 세 가지 주요 인자는 열 에너지, 고르지 않은 열 에너지의 분포, 그리고 대기 중의 수증기이다.

4. 이 문제에 대한 해답은 없다. 주어진 그림들을 잘 살펴보고 주요 구름의 네 가지 종류를 구별해보는 수밖에는 없다.

5. 구름이 짙을 경우에는 '란' 이라는 접미사나 '난' 이라는 접두사를 붙이면 된다. 따라서 올바른 용어는 난층운이나, 층란운도 맞다고 할 수 있다.

6. 구름이 평소보다 높을 경우에는 '고' 라는 접두사를 붙여주면 된다. 따라서 올바른 용어는 고렌즈운이 될 수 있다.

7. 일사란 들어오는 태양의 복사(방사)를 말한다.

8. 북반구에서의 6월 21일은 하지이다. 그것은 북반구가 태양을 향해 있기 때문에 북반구에서 낮이 가장 긴 날을 의미한다. 북반구에서의 낮은 9월 22일까지(추분), 정확이 12시간이 되도록 점점 짧아지기 시작한다. 따라서 낮은 12시간보다 길지만 그 길이는 감소하고 있다. 6월 22일과 9월 23일도 사용될 수 있음을 유념히도록 히지.

9. 북반구에서는 6월 21일부터(북반구에서의 하지) 12월 21일까지(북반구에서의 동지) 낮의 길이가 점점 길어진다. 9월 22일(북반구에서의 추분)에는 낮의 길이가 정확히 12시간이다. 따라서 6월 21일부터 9월 22일까지 낮의 길이는 길어지지만 시간은 12시간 미만이 된다. 6월 22일과 9월 23일도 사용될 수 있음을 유념하도록 하자.

10. 북반구는 원일점에서 태양을 향하고 있으므로, 북반구에서는 원일점이 여름이다.

11. 온도 차이가 바람을 만든다.

12. 위도가 달라지면서 공기의 온도도 달라지므로, 극지방에서 적도지방으로 부는 바람에는 안정적인 흐름이 없다. 이로 말미암아 다른 위도에서 끊임없이 순환하는 바람의 루프가 형성된다.

13. 코리올리 효과가 바람의 패턴을 휘어지게 만든다.

14. 알래스카의 지표면은 적도 지방의 지표면보다 천천히 회전하고 있다. 따라서 미사일이 운동하는 동안 그 아래 있던 지표면이 더 빠르게 이동하게 된다. 그 결과 미사일의 경로는 지표면을 기준으로 서쪽으로 휘어지게 된다. 이를 보정하기 위해서는 미사일을 동남쪽으로 발사해야 한다.

15. 지구의 표면에서는 바람이 추운 곳에서 더운 곳으로 분다. 따라서 바람은 산에서 골짜기로 불게 될 것이다.(곡풍)

16. 대륙성이므로 습도가 낮다. 극지방이기 때문에 기단은 차갑다.

17. 해양성이므로 습도는 높다. 열대 지방이기 때문에 기단은 따뜻하다.

18. 이러한 날씨는 온난전선의 징후이다. 비가 며칠 동안 지속되었으므로 정체전선은 아니다.

19. 이러한 종류의 구름은 폐색전선에 의해 만들어진다.

20. 이런 종류의 구름이 생기고 비가 내리는 것은 한랭전선의 징후이다. 따라서 온도가 차가워질 것을 예상할 수 있다.

단원 ❽ 학습 지침 해답

1. a. 상승기류 - 상승하는 공기의 흐름
   b. 절연체 - 전기를 잘 전도시키지 않는 물질

2. 베르예론 과정은 차가운 구름으로부터 시작되는 것이며, 충돌-응집 과정은 따뜻한 구름으로부터 시작되는 것이다.

3. 베르예론 과정은 적란운의 상단에서의 강수를 설명하는 것인 반면, 충돌-응집 과정은 난층운에서부터의 강수를 설명한다. 여기서 적란운의 상단은 대류권의 상단과 가깝다는 것을 유념하도록 하자. 그러나 난층운은 그보다 훨씬 낮으므로 훨씬 더 따뜻한 것이다.

4. 물방울의 크기이다. 이슬비는 물방울이 매우 작은 반면, 빗방울은 다소 큰 편이다.

5. 진눈깨비는 우박보다 훨씬 작지만, 둘 다 지표면에 닿기 전에 얼어붙는다. 반면 얼어붙은 비는 차가운 표면에 닿을 때까지 액체 상태이다. 우박은 구름을 통해 몇 번 순환되나 진눈깨비는 그렇지 않으므로 우박과 진눈깨비도 다른 종류이다.

6. 이슬점은 두 번째 날 아침에 가장 낮다. 더 적은 수분을 가지고 있거나 더 낮은 압력을 가지고 있는 공기에서 이슬이 형성될 때 더 차가운 온도가 필요하다.

7. 첫 번째 단계는 적운단계로, 여기에는 상승기류만 있고 강수는 없다. 두 번째 단계는 성숙단계이며, 이 단계에는 상승기류와 하강기류, 그리고 강수가 모두 있다. 마지막 단계는 소멸단계로, 이 단계에는 하강기류와 강수밖에 없다.

8. 폭풍은 아마도 몇 개의 세포로 이루어져 있을 것이다. 일반적인 뇌우세포 한 개의 성숙단계는 30분 이상 지속되지 않는다.

9. 전하의 불균형은 우선 적란운에서 형성되고, 빗긴 충돌로 서로 마찰을 일으키는 얼음 결정이나 물방울로 말미암아 형성되는 것이다.

10. 귀환뇌격은 번개에서 발생하는 대부분의 빛과 소리의 근원이다.

11. 벼락은 번개로부터 과열된 공기가 파동을 그리며 외부로 돌진함으로 말미암아 발생한다. 그러한 파동이 우리의 고막에 닿으면, 소리로 해석되는 것이다. 파동이 격렬하기 때문에 소리도 크다.

12. 번개는 지표면의 양전하가 높은 물체에 몰리는 경향이 있기 때문에 높은 물체에 떨어지는 것이다. 높은 물체가 구름에 가장 가까이 갈 수 있는 방법이기 때문이다.

13. 판번개는 구름 사이 번개이며, 번개는 구름-땅 사이 번개이다. 따라서 번개는 지표면에 떨어지지만, 판번개는 그렇지 않다.

14. 토네이도가 형성되려면 반드시 적란운이 필요하다. 소용돌이는 적란운을 형성하는 뇌우세포의 강력한 상승기

류 없이는 형성되지 않는다.

15. 토네이도의 단계는 회오리단계, 조직단계, 성숙단계, 수축단계, 소실단계이다. 토네이도는 대부분의 성숙단계에서 가장 파괴적이다.

16. 태풍은 열대요란으로 시작하여, 열대저압부가 된 후, 열대폭풍우를 지나, 마침내는 열대저기압이 된다. 폭풍우에서의 풍속이 폭풍우가 속하게 되는 등급을 결정한다.

17. 태풍의 눈 속에서는 태풍이 고요하다. 보통 날씨는 맑다.

18. 남반구의 태풍과 북반구의 태풍이 다른 방향으로 회전하도록 만드는 인자는 코리올리 효과이다.

19. 대기압은 거의 동일하다. 이들이 서로 멀리 떨어져 있긴 하지만, 동일한 등압선 상에 있으므로, 압력이 거의 동일한 것이다.

20. 휴스턴에서의 대기압이 더 낮다. 휴스턴은 'L' 기호로부터 3번째 등압선 상에 있는 반면, 애틀랜타는 4번째 등압선 상에 있다. 이는 애틀랜타의 기압이 더 높다는 것을 의미한다.

21. 폐색전선은 같은 쪽에 삼각형과 타원을 가지고 있다. 그것은 샌프란시스코에서 가장 가깝다.

22. 온난전선에는 타원만 있고, 타원은 온난전선이 이동하는 방향을 향하고 있다. 따라서 인디애나폴리스는 곧 더 따뜻한 날씨가 될 것이다.

23. 휴스턴이 한랭전선 근처에 있으므로, 뇌우가 있었을 것으로 보인다.

24. 샌프란시스코는 폐색전선 뒤에 있다. 설명되어 있는 날씨가 폐색전선의 날씨이므로 샌프란시스코가 그러한 날씨를 보일 것으로 예상된다.

단원 ❾ 학습 지침 해답

1. a. 기준점 - 위치가 측정되는 점
   b. 벡터량 - 방향 정보를 포함하고 있는 물리적인 값

c. 스칼라량 - 방향 정보를 포함하고 있지 않고 크기만 가지고 있는 물리적인 값
d. 가속도 - 단위 시간 동안에 일어나는 속도의 변화율
e. 자유낙하 - 어떤 물체가 중력의 영향을 받으며 단독으로 떨어질 때, 그 물체의 운동

2. 운동이 일어나기 위해서는 어떤 물체의 위치가 바뀌어야 한다. 이 물체의 위치는 변하지 않았으므로, 기준점에 상대적으로 움직이지 않고 있는 것이다.

3. 물이 들어 있는 유리컵은 여러 기준점에 상대적으로 움직이고 있다. 집에 서 있는 어떤 사람에게는, 유리컵이 움직이지 않고 있는 것이다. 그러나 지구에 있는 어떤 것을 기준으로 하지 않으면 운동을 하고 있는 것이 된다. 그리고 유리컵을 향해서 걸어가고 있는 사람이 있다면, 그 사람에게 상대적으로는 유리컵이 운동을 하고 있는 것이 된다. 유리컵의 위치가 그 사람에게 상대적으로 변했기 때문이다.

4. a. 어린이는 두 소녀에 상대적으로 운동하고 있다. 어린이가 운동하지 않고 떠 있었긴 했지만, 그의 위치는 소녀들에게 상대적으로는 움직이고 있는 것이다. 따라서 그는 소녀에게 상대적으로 움직이고 있다.
   b. 첫 번째 소녀는 어린이에게 상대적으로 운동하고 있다. 그녀의 위치는 어린이에게 상대적으로 변하고 있으므로, 그녀는 그에게 상대적으로 운동하고 있다.
   c. 두 번째 소녀는 첫 번째 소녀에 상대적으로 운동하고 있지 않다. 소녀들은 서로 완전히 같은 속도로 뛰고 있었다. 따라서 그들의 위치는 서로에게 상대적으로 변하지 않고 있다. 그러므로 이들은 서로를 상대적으로는 움직이지 않고 있는 것이 된다.

5. 이 문제는 거리와 시간을 주어주고 속력을 구하는 문제이다. 따라서 공식(9.1)을 사용해야 한다. 단, 문제에서 답을 miles/h로 구하라고 했다. 그러나 시간 단위가 min으로 나와 있다. 따라서 먼저 단위를 변환해주어야 한다.

$$\frac{30\cancel{\text{min}}}{1} \times \frac{1\text{h}}{60\cancel{\text{min}}} = 0.5\text{h}$$

이제 속력 공식을 사용하여 풀 수 있다.

$$\text{속력} = \frac{10\text{miles}}{0.5\text{h}} = 20\,\frac{\text{miles}}{\text{h}}$$

그러므로 답은 20miles/h이다.

6. 이 문제도 속력을 구하는 문제이지만, 이 경우에는 두 단위가 모두 다르다. 답은 m/s로 구해야 하는데, 문제에서 주어준 단위는 km와 min이다. 따라서 먼저 두 단위를 변환해주어야 한다.

$$\frac{6\cancel{\text{km}}}{1} \times \frac{1{,}000\text{m}}{1\cancel{\text{km}}} = 6{,}000\text{m}$$

$$\frac{45\cancel{min}}{1} \times \frac{60s}{1\cancel{min}} = 2{,}700s$$

이제 우리의 속력 공식에 값들을 대입시켜 풀 수 있다."

$$속력 = \frac{6{,}000m}{2{,}700s} = 2.2\frac{m}{s}$$

그러므로 답은 2.2m/s이다.

7. a. 여기에는 방향이 없으므로 스칼라량이다. m는 거리 단위이다.
   b. 여기에는 방향이 있으므로 벡터량이다. 단위는 거리/시간^{2}이므로 가속도이다.
   c. 여기에는 방향이 없으므로 스칼라량이다. 단위는 속력임을 나타내고 있다.
   d. 여기에는 방향이 없으므로 스칼라량이다. 리터는 부피 단위이므로 이들 중에는 없다.
   e. 여기에는 방향이 있으므로 벡터량이다. 단위는 거리/시간이므로 속도이다. 속력은 벡터량이 아니므로 속력이 아니다.
   f. 여기에는 방향이 없으므로 스칼라량이다. 단위는 속력임을 나타내고 있다.

8. 그림에서 볼 수 있듯이 자동차는 트럭 뒤에 있으나, 이 둘은 같은 방향으로 이동하고 있다. 따라서 이들의 상대 속도는 각각의 속력을 빼면 구할 수 있다.

$$상대\ 속도 = 57miles/h - 45miles/h = 12miles/h$$

자동차가 트럭보다 빠르게 주행하고 있으므로, 트럭을 따라잡고 있다. 따라서 상대 속도는 서로 가까워지는 방향으로 12miles/h이다.

9. 속도는 변하고 있지 않으므로, 가속도는 0이다. 시간은 속임수로 주어진 것이다. 가속도는 속도의 변화라는 것을 기억하도록 하자. 속도가 변하지 않았으므로 가속도는 0이다.

10. 초기 속도는 0이고, 최종 속도는 12m/s로 동쪽이다. 시간은 2초다. 공식(9.2)을 사용하여 풀면 된다.

$$가속도 = \frac{최종\ 속도 - 초기\ 속도}{시간}$$

$$가속도 = \frac{12\frac{m}{s} - 0\frac{m}{s}}{2s} = \frac{12\frac{m}{s}}{2s} = 6\frac{m}{s^2}$$

속력이 증가하고 있으므로, 가속도와 속도는 같은 방향이다. 따라서 가속도는 동쪽으로 6m/s^{2}이다.

11. 시간(12분)과 초기 속도(30miles/h, 남쪽), 그리고 최종 속도(0, 정지했으므로)가 주어져 있으므로, 역시 공식(9.2)을 사용하여 풀면 된다. 그러나 아직은 공식을 사용할 수 없다. 시간 단위가 일치하지 않기 때문이다. 먼저

단위를 일치시켜주어야 한다.

$$\frac{12\cancel{min}}{1} \times \frac{1h}{60\cancel{min}} = 0.2h$$

이제 모든 시간 단위가 일치하므로, 가속도 공식을 사용할 수 있다.

$$가속도 = \frac{최종\ 속도 - 초기\ 속도}{시간}$$

$$가속도 = \frac{0\frac{miles}{h} - 30\frac{miles}{h}}{0.2h} = \frac{-30\frac{miles}{h}}{0.2h} = -150\frac{miles}{h^2}$$

음의 부호는 가속도가 속도와 다른 방향임을 나타내는 것이다. 따라서 가속도는 북쪽으로 150miles/h^2이다.

12. 어떤 물체가 자유낙하를 하려면 중력에 의한 영향만 받아야 하기 때문에 과학자의 주장은 이론적으로 옳다. 공기 저항은 두 번째 영향으로, 모든 물체는 공기 저항을 받게 된다.

13. 과학자가 이론적으로 옳다고 해도, 무거운 물체에서는 공기 저항의 영향이 아주 작기 때문에 공기 저항을 무시할 수 있다고 본다.

14. 무엇도 먼저 떨어지지 않는다. 둘은 동시에 떨어진다. 중력은 모든 가속도를 동일하게 가속한다는 사실을 기억하도록 하자. 공기가 없으면 공기 저항도 없다. 그러므로 두 물체는 완전하게 자유낙하를 하게 된다. 결과적으로 이들은 정확하게 같은 속력으로 떨어지게 된다.

15. 돌멩이가 자유낙하를 하고 있으므로, 공식(9.3)을 사용할 수 있다. 문제에서는 답을 m로 구하라고 하였으므로, 가속도로 9.8m/s^2을 사용해야 한다.

$$거리 = \frac{1}{2} \times (가속도) \times (시간)^2$$

$$거리 = \frac{1}{2} \times (9.8\frac{m}{s^2}) \times (4.1s)^2 = \frac{1}{2} \times (9.8\frac{m}{s^2}) \times (4.1s) \times (4.1s)$$

$$거리 = \frac{1}{2} \times (9.8\frac{m}{\cancel{s^2}}) \times (16.81\cancel{s^2}) = 82.4m$$

16. 돌멩이는 자유낙하를 하고 있으므로, 공식(9.3)을 사용할 수 있다. 문제에서 단위를 ft로 구하라고 했으므로, 가속도로 32ft/s^2을 사용해야 한다.

$$거리 = \frac{1}{2} \times (가속도) \times (시간)^2$$

$$거리 = \frac{1}{2} \times (32\frac{ft}{s^2}) \times (7s)^2 = \frac{1}{2} \times (32\frac{ft}{s^2}) \times (7s) \times (7s)$$

$$거리 = \frac{1}{2} \times (32\frac{ft}{\cancel{s^2}}) \times (49\cancel{s^2}) = 784ft$$

17. 물체가 각 시간 간격마다 더 짧은 거리를 이동하였으므로, 물체의 속력은 느려지고 있는 것이다. 이는 물체가 천천히 움직이고 있다는 것을 의미한다. 물체의 속력이 느려지고 있기 때문에 그 물체의 가속도는 속도와 반대 방향이다.

【실험 예제】 해답편

실험 9.3 예제 해답

- 공이 떨어지는 시간: 0.79s, 0.60s, 0.70s, 0.82s, 0.65s, 0.89s, 0.83s, 0.69s, 0.59s, 0.92s
- 공이 떨어지는 평균 시간: (0.79s +0.60s +0.70s +0.82s +0.65s +0.89s +0.83s +0.69s +0.59s +0.92s)÷10 = 0.748s
- 공이 떨어진 거리:

$$거리 = \frac{1}{2} \times (가속도) \times (시간)^2$$

$$거리 = \frac{1}{2} \times (32\frac{ft}{s^2}) \times (0.748s)^2 = \frac{1}{2} \times (32\frac{ft}{s^2}) \times (0.748s) \times (0.748s)$$

$$거리 = \frac{1}{2} \times (32\frac{ft}{\cancel{s^2}}) \times (0.559504\cancel{s^2}) = 8.95ft$$

- 측정한 천장 높이 : 9.33ft

  떨어지는 공으로 구한 높이는 줄자로 측정한 높이와 유사하다.

단원 ⑩ 학습 지침 해답

1. a. 관성 - 어떤 물체가 자신의 운동 상태를 지속하려는 성질
   b. 마찰 - 두 표면의 접촉으로 생기는 운동을 저지하는 현상
   c. 운동 마찰 - 운동이 시작되었을 때 운동을 저지하는 마찰
   d. 정지 마찰 - 운동의 시작을 저지하는 마찰

2. • 뉴턴의 운동 제1법칙 - 운동하는(또는 정지하고 있는) 물체는 외부의 힘에 영향을 받지 않으면 계속해서 운동

하려고(또는 정지하려고) 한다.

- 뉴턴의 운동 제2법칙 - 어떤 물체가 하나 이상의 외력에 의해 영향을 받았을 때 총힘은 그 물체의 질량 곱하기 그 힘에 의한 가속도의 곱과 같다.
- 뉴턴의 운동 제3법칙 - 모든 작용에는 항상 방향이 반대이고 크기가 같은 반작용이 따른다.

3. 뉴턴의 운동 제1법칙에서는 어떤 물체도 외력에 의해 영향을 받지 않으면 속도가 변하지 않는다고 설명한다. 주로 이 힘은 마찰력이 된다. 이 문제에서는 공을 던진 다음에 어떤 힘(마찰력도)도 공에 가해지지 않았다. 따라서 일 년 후, 공의 속도는 서쪽으로 3.0m/s를 유지하고 있을 것이다.

4. 공기는 나무 옆에 떨어지지 않는다. 공기는 나무의 북쪽에 떨어진다. 여기에도 뉴턴의 운동 제1법칙을 적용할 수 있다. 공기가 소년의 손에 있을 때에는 공기는 북쪽 방향의 속도를 가지고 있다. 소년이 공기를 떨어뜨릴 때에도 공기에는 여전히 북쪽 방향의 속도를 가지고 있었다. 따라서 떨어지면서 북쪽으로 운동하게 된다. 그리고 착륙할 때에는 나무의 북쪽에 착륙하게 된다. 실제로 공기 저항을 무시하면, 공기가 땅에 닿는 순간에 소년이 있는 지리 바로 옆에 떨어지게 될 것이다. 공기는 소년의 속도로 북쪽으로 이동하고 있기 때문이다.

5. 공기는 나무의 옆에 떨어진다. 이 경우에는 공기에 초기 속도가 없다. 공기는 나무 옆에서 있는 소년과 같이 정지해 있다. 달리고 있던 소년이 공기를 치면, 공기가 땅으로 떨어지게 된다.

6. 상자는 앞좌석 쪽으로 무너진다. 상자는 자동차와 같은 속도를 가지고 있다. 자동차가 정지해도 이들은 계속해서 같은 속도로 움직이려고 한다. 그러므로 상자들은 자동차에 상대적으로 앞쪽으로 움직이게 되고, 이들은 앞좌석 쪽으로 무너지게 된다.

7. 마찰은 각각의 표면에서 서로를 끌어당기고 있는 분자에 의해 발생하며, 그들이 끌어당기는 힘은 이들이 얼마나 서로 가까이 있는지에 따라 달라진다는 점을 기억하자. 도로가 젖어 있다면, 도로의 홈이 물로 차 있을 것이다. 그러면 타이어의 융기 부분이 이들과 잘 닿지 않게 되어, 분자들이 서로 가까이 가지 못하게 된다. 따라서 물이 도로의 홈에 차 있으면 타이어 분자가 도로의 분자와 가까이 갈 수 있는 정도가 감소하게 되는 것이다. 이는 수막이 타이어 아래에 있을 때 타이어가 도로와 접촉하지 못하게 되면 심각한 문제가 될 수 있다. 타이어가 도로가 아니라 물 위에서 주행하게 되기 때문이다. 이와 같은 현상을 '수막현상'이라고 하며, 이는 타이어 분자가 도로 분자와 멀리 떨어지도록 만든다.

8. 정지 마찰력은 운동 마찰력보다 크다. 냉장고가 움직이지 않고 있을 때, 냉장고를 움직이게 만들려면 사람이 정지 마찰력보다 큰 힘을 가해야 한다. 그러나 냉장고가 움직이기 시작한 다음에는 사람은 운동 마찰력보다 큰 힘만 가하면 된다.

9. 물체가 일정한 속도로 움직이고 있으므로, 가속도는 0이다. 물체에 가해지는 총힘은 물체의 질량 곱하기 물체

의 가속도(뉴턴의 운동 제2법칙)이므로, 물체에 가해지는 총힘도 0이다. 이는 어린이가 운동 마찰력을 극복할 수 있을 정도의 힘을 가했지만 그 이상은 아니었다는 것을 아니었음을 의미한다. 장난감은 이미 움직이고 있으므로, 운동 마찰력을 생각해야 한다. 따라서 어린이는 동쪽으로 10N의 힘을 가하고 있다.

10. 어린이의 질량과 가속도를 알고 있으므로, 어린이에게 가해지는 총힘을 구할 수 있다.

총힘=(질량) · (가속도)

$$총힘=(20kg)\cdot\left(2.0\frac{m}{s^2}\right)=40N$$

마찰을 무시했으므로, 관여하는 힘은 아버지가 가하는 힘뿐이다. 따라서 총힘은 아버지가 가하는 힘과 같다. 어린이는 북쪽으로 가속하고 있으므로, 아버지는 북쪽으로 40N의 힘으로 밀고 있는 것이 된다.

11. 물체가 움직이기 위해서는 25N 이상의 힘이 가해져야 한다고 했으므로, 정지 마찰력은 동쪽으로 25N이다. 그러나 물체가 움직이기 시작한 다음에는 0.1m/s²로 가속하고 있다고 했다. 이는 물체의 총힘이 다음과 같다는 것을 의미한다.

총힘=(질량) · (가속도)

$$총힘=(15kg)\cdot\left(0.10\frac{m}{s^2}\right)=1.5N$$

이 힘은 가해진 힘(20N)과 운동 마찰력(물체가 움직이고 있으므로 운동 마찰력을 사용해야 한다는 것을 알 수 있다)의 조합이다. 운동 마찰력이 운동을 저지하고 있으므로, 가해지는 힘의 반대 방향이다. 따라서 총힘은 가해지는 힘 빼기 마찰력이 된다.

20N − 운동 마찰력 = 1.5N

총힘이 1.5N이 되기 위해서는 운동 마찰력은 동쪽으로 18.5N이 되어야 한다.

12. 첫 번째 부분은 쉽다. 정지 마찰력이 700N이라면, 노동자는 상자를 움직이기 위해 700N 이상의 힘을 가해야 한다. 이미 움직이고 있는 상자를 가속하려면 총힘이 다음과 같아야 한다.

총힘=(질량) · (가속도)

$$총힘=(500kg)\cdot\left(0.10\frac{m}{s^2}\right)=50N$$

이 총힘은 노동자의 힘 빼기 운동 마찰력이다. 운동 마찰력은 220N이라고 했으므로, 다음과 같다.

노동자의 힘− 220N = 50N

따라서 노동자의 힘은 남쪽으로 270N이 되어야 한다.

13. 정지 마찰력은 물체를 움직이지 못하게 하고 있다. 돌멩이를 움직이게 하기 위해서 정원사가 100N 보다 약간

더 큰 힘을 가해야 한다면, 정지 마찰력이 100N인 것이다. 돌멩이가 움직인 다음에는 정원사가 동쪽으로 일정한 속도로 움직인다고 했다. 이는 가속도가 0이라는 것을 의미하며, 돌멩이에 가해지는 총힘은 0임을 말하는 것이다. 따라서 정원사는 정지 마찰력을 극복하기 위해 충분한 힘을 가하고는 있지만, 그 이상은 아니다. 즉, 운동 마찰력은 45N이 되어야 한다.

14. 바위에 가해지는 총힘은 질량과 가속도로부터 구할 수 있다.

$$\text{총힘} = (\text{질량}) \cdot (\text{가속도})$$

$$\text{총힘} = (710\text{kg}) \cdot \left(0.20\frac{\text{m}}{\text{s}^2}\right) = 142\text{N}$$

이 힘은 무엇으로 구성된 것일까? 한 사람은 동쪽으로 156N의 힘으로 밀고 있고, 다른 한 사람은 동쪽으로 220N의 힘으로 밀고 있다고 했다. 이 힘들은 같은 방향이므로, 이들을 더해야 한다. 그러나 마찰력도 존재하고 있고, 마찰력은 운동을 저지하는 힘이다. 따라서 마찰력은 뺀다.

156N + 220N - 운동 마찰력 = 142N

156에 220을 더하고 376을 빼면 다음과 같다.

376N - 운동 마찰력 = 142N

따라서 운동 마찰력은 376을 뺐을 때, 142가 되는 수이다. 그것은 234이다. 즉, 운동 마찰력은 서쪽으로 234N 이다.

15. 크기는 같고 방향은 반대인 힘은 개집이 어린이에게 가하는 힘이다.

16. 공의 속도가 바뀌었으므로, 선수는 공에 힘을 가한 것이다. 이는 가속도가 존재함을 의미하는 것이며, 어떤 힘이 공에 가해졌음을 의미한다. 크기는 같고 반대인 힘은 전수에게 공이 가한 힘이며, 그 증거가 되는 것은 선수가 공을 잡았을 때 그가 느낀 고통이다.

17. 벽은 서쪽으로 20N의 힘을 가하고 있다. 이는 사람의 힘과 크기는 같고 방향은 반대인 힘이기 때문이다.

단원 ⓫ 학습 지침 해답

1. 네 가지 기본적인 힘은 인력, 전자기력, 약력, 강력이다. 전자기력과 약력은 같은 힘의 다른 양면이다. 따라서 일부는 이 세상에 세 가지 기본적인 힘이 있다고도 말한다.

2. 가장 약한 힘은 인력이다. 가장 강한 힘은 강력이다.

3. 세 가지 법칙은 다음과 같다.
   1. 질량이 있는 모든 물체는 인력에 의해 서로 끌어당긴다.
   2. 두 질량 간의 인력은 각 물체의 질량에 정비례한다.
   3. 두 질량 간의 인력은 그 두 물체 사이의 거리의 제곱에 반비례한다.

4. 10kg의 질량을 20kg의 질량으로 바꾸었다면 질량이 두 배가 된 것이다. 이는 인력을 두 배로 만든다. 6kg 질량도 12kg의 질량으로 두 배가 되었다. 이는 인력이 또 다시 두 배가 되었음을 의미한다. 따라서 총 변화량은 $2 \times 2 = 4$가 된다. 그러므로 새로운 인력은 처음의 인력보다 4배 더 크다.

5. 첫 번째 상황과 두 번째 상황의 유일한 차이점은 물체 사이의 거리가 4배만큼 되었다는 것이다. 물체 사이의 거리가 멀어지면 인력은 감소하며, 인력은 늘어난 거리의 제곱만큼 감소한다. 따라서 힘은 4^2, 즉 16으로 나뉜 값이 된다. 즉, 새로운 인력은 처음의 인력보다 16배 작아진다.

6. 1kg의 질량을 5kg의 질량으로 바꾸었으면 질량이 5배가 된 것이다. 이는 인력도 5배가 되도록 만든다. 2kg의 질량을 4kg의 질량으로 바꾸었으면 질량이 2배가 된 것이다. 이것은 인력을 2배가 되도록 만든다. 물체 사이의 거리는 3으로 나눈 만큼 감소했다. 물체 사이의 거리가 줄어들면 인력은 증가한다. 인력은 줄어든 거리의 제곱만큼 증가한다. 따라서 힘은 3^2, 즉 9를 곱한 것이 된다. 그러므로 총 변화량은 $5 \times 2 \times 9 = 90$이다. 따라서 새로운 인력은 처음의 인력보다 90배 더 커진다.

7. 크기는 같고 방향은 반대인 힘은 금성이 태양에 가하는 인력이다.

8. 원운동에 필요한 힘은 구심력이다.

   * 구심력 - 어떤 물체가 원운동을 하기 위해 필요한 힘. 구심력은 그 물체의 속도와 수직 방향, 즉 원의 중심을 향하고 있다.

9. 구심력 법칙은 다음과 같다:
   1. 원운동을 하려면 구심력이 필요하다.
   2. 구심력이 커질수록 어떤 크기의 원을 그리는 물체의 운동이 빨라진다.
   3. 어떤 속력에서, 구심력이 커질수록 원은 더 작아진다.

10. 줄은 구심력을 가하고 있다. 따라서 줄이 가하는 힘은 문제 9에 나와 있는 법칙에 의해 필요한 만큼 변하하게 된다.
    a. 빠르게 이동하는 물체는 큰 구심력이 필요하므로, 줄은 더 큰 힘을 가하게 된다.
    b. 구심력이 커질수록 원은 작아지므로, 줄은 더 작은 힘을 가하게 된다. 따라서 더 큰 원은 더 작은 구심력을

가하게 된다(같은 속력일 경우).

11. 원심력은 근거 없는 힘이다. 이 세상에 원심력이라는 힘은 없다. 원심력이라고 생각하는 힘은 뉴턴의 운동 제1 법칙일 뿐이다.

12. 공이 'A' 에서 'B' 로 이동하고 있다는 것은 공이 시계 방향으로 이동하고 있음을 의미한다. 그러나 속도는 직진 방향이다. 일정한 속도로 움직이고 있다고 했으므로, 유일한 힘은 구심력뿐이다. 구심력은 항상 원의 중심을 향하고 있다.

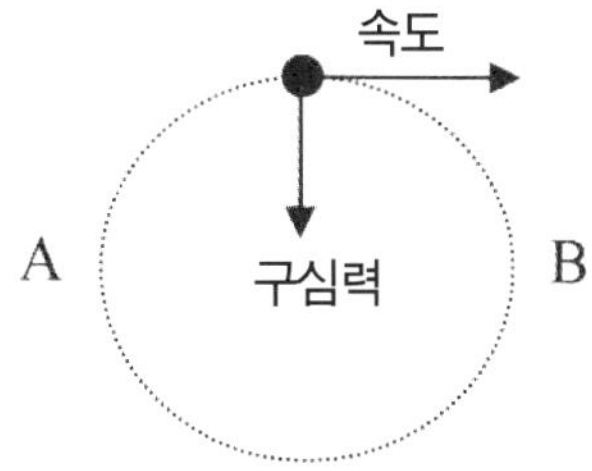

13. 내행성 - 수성, 금성, 지구, 화성
외행성 - 목성, 토성, 천왕성, 해왕성

14. 수성, 금성, 지구, 화성, 목성, 토성, 천왕성, 해왕성

15. 토성, 천왕성, 목성, 해왕성

16. 대부분의 소행성은 화성과 목성 사이에 있다. 대부분의 소행성이 소행성대에 있다고 할 수도 있다.

17. 소행성의 섭동이 소행성을 유성으로 만든다.

18. 혜성은 핵, 코마, 꼬리로 구성되어 있다. 이 중 핵은 항상 존재한다.

19. 혜성의 세 가지 부분이 모두 존재하는 부분은 혜성이 태양 근처에 왔을 때이다.

20. 혜성 궤도는 타원형이다.

21. 물리학자들은 단주기 혜성이 카이퍼 띠라는 물체 덩어리에 의한 것이라고 생각한다.

22. 일반상대성이론에 의하면 중력은 질량이 있는 물체가 시간과 공간을 휘어지게 만드는 사실로 인해 발생한다.

23. 중력자 이론에 의하면, 중력은 '중력자' 라는 입자를 교환함으로써 발생한다.

단원 ⑫ 학습 지침 해답

1. a. 광자 - 입자처럼 행동하는 빛의 작은 에너지 다발
   b. 전도에 의한 대전 - 이미 전하를 가지고 있는 물체에 어떤 물체가 닿음으로써 대전되는 것
   c. 유도에 의한 대전 - 물체와 전하 사이에 직접적인 접촉 없이 물체가 대전되는 것
   d. 전류 - 초 당 전기 회로에 고정된 점을 지나는 전하의 양
   e. 약정 전류 - 건전지의 양극에서 음극으로 흐르는 전류. 이것은 잘못된 것이지만, 회로도를 그릴 때 전류를 그리는 방식이다.
   f. 저항 - 금속이 전하의 흐름을 방해하는 능력
   g. 개방 회로 - 전원의 양 쪽 사이가 완전히 연결되어 있지 않은 회로. 전류가 흐르지 않음.

2. 같은 전하는 서로를 밀어내므로 서로 다른 방향으로 미는 힘을 가하게 된다. 반대 전하는 서로를 끌어당기므로 서로 당기는 힘을 가하게 된다.

a. b.

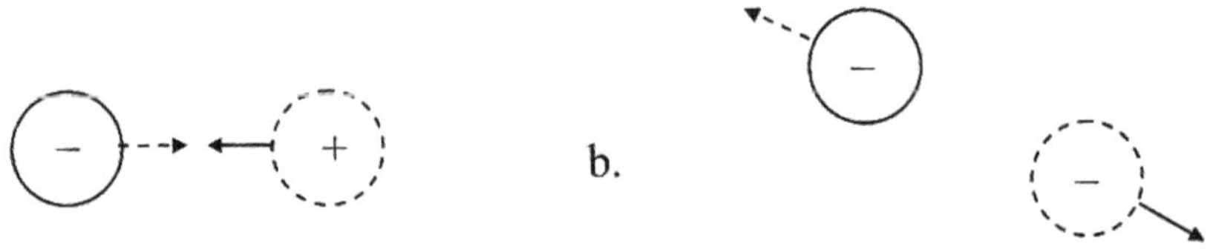

3. 전자기력은 물체 사이의 거리의 제곱에 반비례한다. 따라서 거리가 3배가 되면, 힘은 9로 나뉜 힘이 된다. 극은 반대 방향이므로 서로 끌어당기는 힘이다.

4. 전가기력은 전하게 정비례한다. 첫 번째 전하가 두 배가 되면, 힘도 두 배가 된다. 두 번째 전하는 바뀌지 않았으므로, 이로 인한 힘의 변화는 없다. 힘은 물체 사이의 거리의 제곱에 반비례한다. 거리가 2로 나뉘었으면, 힘은 4배가 된다. 따라서 총힘은 $2 \times 4 = 8$이 된다. 즉, 새로운 힘은 처음의 힘보다 8배 더 커진다.

5. 전자기력은 광자의 교환으로 발생한다.

6. 대전된 입자가 방출하는 광자는 우리들에게 보이지 않기 때문에, 대전된 입자는 백열하지 않는다. 그러나 알맞은 조건 하에서는 대전된 입자가 가시광선을 방출한다. 그러한 경우에는 대전된 입자가 '발열한다' 고 말할 수 있다.

7. 전도에 의한 대전은 막대와 반대가 되는 전하가 되도록 만든다. 따라서 물체는 음의 전하를 띠게 될 것이다.

8. 유도에 의한 대전은 막대와 같은 전하로 되도록 만든다. 따라서 물체는 양의 전하를 띠게 될 것이다.

9. 전압은 전원이 전자를 밀어내는 정도를 말한다. 이는 전압이 커질수록 각 전자의 에너지가 더 높아진다는 것을 의미한다. 따라서 각 전자는 더 높은 에너지를 갖고 있다. 전류는 회로를 통해 얼마나 많은 전자가 흐르는지를 말한다. 따라서 전자가 회로에 조금 흐르고 있는 것이다. 전자가 조금 있다고 하더라도 전자가 높은 에너지를 가지고 있다면 회로가 위험할 수 있다.

10. 회로는 전압과 전류가 모두 낮을 때 안전하다고 할 수 있다. 여기서 '낮다'는 용어는 상대적인 용어임을 알아야 한다. 낮은 전압은 9V 미만이며, 낮은 전류는 0.001A 미만이다.

11. 약정 전류는 건전지의 양극에서 음극으로 흐르는 전류를 말한다.

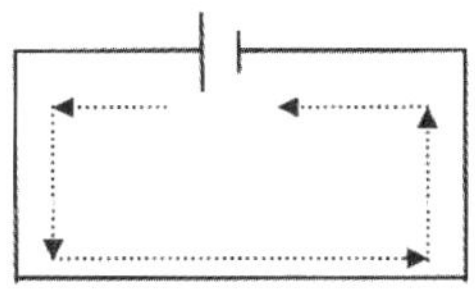

12. 약정 전류는 전기가 양의 전하의 흐름임을 가정하고 있다. 그러나 전기는 전자의 흐름이므로, 음의 전하의 흐름이다.

13. 전선이 더 길수록, 전선 내에서 전자가 원자와 충돌하게 되는 기회가 더 많아진다. 따라서 전선이 길수록 저항이 커진다.

14. 더 넓거나 더 두꺼운 전선일수록 전자가 더 많이 펼쳐져 있게 된다. 이는 전선에서 전자와 원자가 충돌하게 되는 가능성이 더 적다는 것을 의미한다. 따라서 전선이 두꺼울수록 저항은 작아지게 된다. 전류의 양이 같다면, 저항이 작으면 열도 작아지게 된다. 따라서 가는 전선이 더 뜨거워진다. 이는 화재가 발생하는 원인 중 하나가 된다. 사람들은 아주 가는 확장 코드에 너무 많은 장치를 연결해서 사용하곤 한다. 그러면 가는 전선에 너무 많은 전류가 흐르게 되어 가열되어 화재가 발생하게 된다.

15. 회로(a)에는 스위치가 열려져 있어서 전류가 흐를 수 없다. 따라서 전구에 불이 들어오지 않는다. 반면, 회로(b)에는 열려져 있는 스위치가 전구와 병렬로 연결되어 있으므로, 전구에 불이 들어온다. 즉, 전류가 전구까지 흐를 수 있는 것이다.

16. 전구는 직렬 회로로 연결되어 있다. 불이 나간 전구가 열려져 있는 스위치와 같은 역할을 하는 것이다. 열려져 있는 스위치로 말미암아 전구에 불이 들어오지 않았다면, 다른 전구와 직렬로 연결되어 있는 것이다.

17. 영구 자석에서는 대전된 입자의 흐름이 원자의 전자 운동이 된다.

18. 우리가 지금까지 알고 있는 바로는 있을 수 없다. 자석은 항상 북극과 남극이 있어야 한다.

19. 그렇다. 가능하다. 물질은 자석에 강력하게 반응하기 때문에 원자를 정렬시키면 자석을 만들 수 있다.

20. 어떤 물질이 자성이 되지 않는다면, 그 물질의 원자는 정렬될 수 없는 것이다. 즉, 전자의 흐름이 무작위이고 자석에 반응할 수 없다는 것이다.

단원 ⓭ 학습 지침 해답

1. a. 모델 - 알려진 속성을 고려하여 어떤 시스템을 그림으로 설명한 것
   b. 핵 - 양성자와 중성자가 있는 원자의 중심부
   c. 원자번호 - 원자 하나에 있는 양성자의 개수
   d. 질량수 - 원자의 핵에 있는 양성자와 중성자 개수의 합
   e. 동위원소 - 양성자의 개수는 같으나 중성자의 개수가 다른 원자
   f. 원소 - 같은 수의 양성자를 가지는 모든 원자의 집합
   g. 방사성 동위원소 - 안정적이지 않은 핵을 가지고 있는 원소
   h. 반감기 - 방사성 동위원소의 원본 표본의 반이 붕괴되는데 걸리는 시간

2. 원자의 세 가지 구성요소는 양성자, 중성자, 전자이다. 전자는 다른 두 가지보다 훨씬 가볍고, 중성자는 양성자보다 약간 더 무겁다. 따라서 순서는 전자, 양성자, 중성자이다.

3. 핵에서 양성자와 중성자를 붙들고 있는 힘은 핵력이다. 이 힘은 양성자, 또는 중성자 사이의 파이온 교환에 의해 비롯된다. 핵력은 강력의 또 다른 표시이므로, 이를 강력이라고도 대답할 수도 있다.

4. 전자가 궤도 주위를 돌도록 만드는 힘은 전자기력(또는 전자기약력)이다. 이들은 서로 반대의 대전된 양성자를 끌어당기므로 궤도 주위에 있을 수 있는 것이다.

5. 원자는 대부분 빈 공간으로 이루어져 있다.

6. 원자번호는 원자 안에 있는 양성자의 개수이다. 원자는 그들의 가지고 있는 양성자 수와 동일한 개수의 전자를

가지고 있다. 따라서 이 원자는 34개의 전자와 34개의 양성자를 가지고 있는 것이다. 기호를 보기위해서는 주기율표를 보면 된다. 표를 보면 원자번호가 34인 원자는 Se라는 기호로 표시되어 있다.

7. a. 화학 기호가 Ne이므로, 표를 사용하여 원자에 10개의 양성자가 있음을 알 수 있다. 이는 이 원자에 전자도 10개 있음을 의미한다. 질량수는 핵에 있는 양성자와 중성자 개수의 합이므로, 중성자도 10개 있는 것이다.
   b. 화학 기호가 Fe이므로, 표를 사용하여 원자에 26개의 양성자가 있음을 알 수 있다. 이는 이 원자에 전자도 26개 있음을 의미한다. 질량수는 핵에 있는 양성자와 중성자 개수의 합이므로, 중성자는 30개 있는 것이다.
   c. 화학 기호가 La이므로, 표를 사용하여 원자에 57개의 양성자가 있음을 알 수 있다. 이는 이 원자에 전자도 57개 있음을 의미한다. 질량수는 핵에 있는 양성자와 중성자 개수의 합이므로, 중성자는 82개 있는 것이다.
   d. 화학 기호가 Mg이므로, 표를 사용하여 원자에 12개의 양성자가 있음을 알 수 있다. 이는 이 원자에 전자도 12개 있음을 의미한다. 질량수는 핵에 있는 양성자와 중성자 개수의 합이므로, 중성자는 12개 있는 것이다.

8. 동위원소가 되려면 두 원자가 같은 수의 양성자를 가지고 있어야 한다. 따라서 두 번째 원자의 양성자도 18개이다.

9. 동위원소는 양성자의 개수는 같으나 중성자의 개수가 다른 원소를 말한다. 화학 기호를 보면 원자가 가지고 있는 양성자의 개수를 알 수 있으므로, 같은 화학 기호를 가지는 원자만이 동위원소가 될 수 있다. 즉 동위원소가 되기 위해서는 화학 기호는 같으나 다른 질량수를 가지고 있으면 된다. 따라서 ^{112}Sn, ^{124}Sn, ^{120}Sn가 동위원소이다.

10. 'O' 라는 화학 기호를 가진 모든 원자는 주기율표에 따라 8개의 양성자를 가진다. 이는 이 원자에 8개의 전자도 있음을 의미한다. 8개의 전자 중 두 개는 첫 번째 보어 궤도에 있을 수 있으나, 나머지 6개의 전자를 위해 두 번째 보어 궤도가 있어야 한다. 두 번째 보어 궤도에는 8개의 전자가 있을 수 있다. 질량수를 보면 중성자가 8개 있음을 알 수 있다.

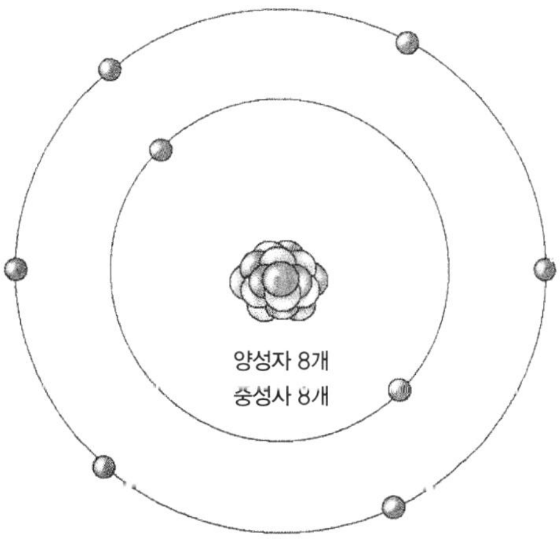

11. 'Mg' 라는 화학 기호를 가진 모든 원자는 주기율표에 따라 12개의 양성자를 가진다. 이는 원자에 12개의 전자도 있음을 의미한다. 12개의 전자 중 2개는 첫 번째 보어 궤도에 있을 수 있고, 나머지 중 8개는 두 번째 보어

궤도에 있을 수 있다. 나머지 2개의 전자를 위해 세 번째 보어 궤도가 필요하다. 세 번째 보어 궤도에는 18개의 전자가 있을 수 있다. 질량수를 보면 중성자가 13개 있어야 함을 알 수 있다.

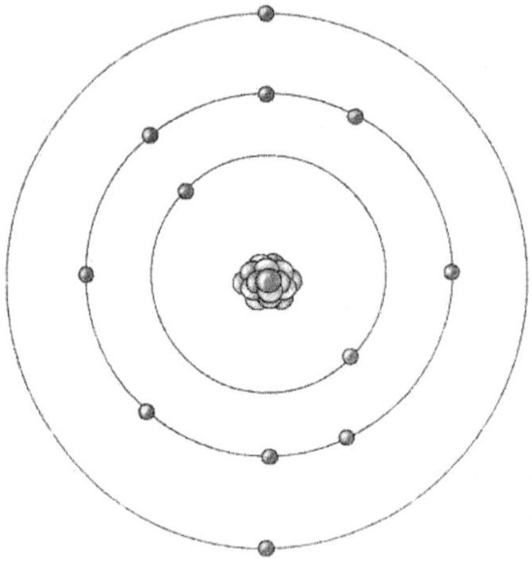

12. 모든 우라늄 원자는 그들의 질량수와는 상관없이, 92개의 양성자와 92개의 전자를 가지고 있다. 주기율표에선 'U' 라는 기호의 원자를 보면 그러한 사실을 알 수 있다. 처음 2개의 전자는 첫 번째 보어 궤도에 들어가고 그다음 8개 전자는 두 번째 보어 궤도에 들어가며, 그다음 18개 전자는 세 번째 보어 궤도에 들어가며, 그다음 32개의 전자는 네 번째 보어 궤도에 들어간다. 여기까지 합하면 전자가 총 60개가 들어가게 된다. 다섯 번째 보어 궤도에는 전자가 50개 들어갈 수 있으므로, 나머지 32개의 전자가 모두 들어갈 수 있다. 따라서 가장 큰 보어 궤도는 다섯 번째 것이고, 거기에는 32개의 전자가 들어간다.

13. 강한 핵력은 파이온의 교환에 의한 힘이다. 파이온은 매우 짧은 수명을 가지고 있기 때문에 강한 핵력은 아주 짧은 거리에서만 작용할 수 있다.

14. a. 주기율표를 보면 ^{98}Tc에는 43개의 양성자가 있다. 이는 중성자가 55개 있음을 의미한다. 베타 붕괴를 하면 한 개의 중성자가 한 개의 양성자로 바뀐다. 그러면 양성자가 44개, 중성자가 54개인 원자, ^{98}Ru가 된다.
   b. 주기율표를 보면 ^{125}I에는 53개의 양성자가 있다. 이는 중성자가 72개 있음을 의미한다. 베타 붕괴를 하면 한 개의 중성자가 한 개의 양성자로 바뀐다. 그러면 양성자가 54개, 중성자가 71개인 원자, ^{125}Xe가 된다.

15. a. 주기율표를 보면 ^{212}Bi에는 83개의 양성자가 있다. 이는 중성자가 129개 있음을 의미한다. 알파 붕괴를 하면, 핵에서 2개의 양성자와 2개의 중성자가 없어진다. 그러면 양성자가 81개, 중성자가 127개 있는 원자, ^{208}Tl가 된다.
   b. 주기율표를 보면 ^{224}Ra에는 88개의 양성자가 있다. 이는 중성자가 136개 있음을 의미한다. 알파 붕괴를 하면, 핵에서 2개의 양성자와 2개의 중성자가 없어진다. 그러면 양성자가 86개, 중성자가 134개인 원자, ^{220}Rn이 된다.

16. 감마 붕괴만이 방사성 동위원소의 중성자 및 양성자 개수에 영향을 끼치지 않는다.

17. 1,600년이 지나면, 10이 5가 될 것이다. 그다음 1,600년이 지나면 5가 2.5가 될 것이다. 그러면 총 3,200년이므로, 답은 2.5이다.

18. 한 시간이 지난다는 것은 ^{11}C의 반감기가 세 번 지난다는 것을 의미한다. 첫 번째 반감기가 지나면 1 샘플이 0.5가 되고, 그다음 반감기가 지나면 0.5가 0.25가 될 것이며, 그다음 반감기가 지나면 0.25가 0.125가 될 것이다.

19. 가정이 물체의 원본에 대해 만들어진 것이기 때문에 방사성 연대 결정법은 보통 신뢰할 수 없다. 이러한 가정은 보통 잘못된 것이 많다.

20. 알파 입자는 멈추기 전에 가장 적은 양의 물질을 통과하며, 베타 입자가 그다음이고, 감마선은 정지하기 전에 가장 많은 양의 물질을 통과하게 된다.

단원 ⓮ 학습 지침 해답

1. a. 횡파 - 파동의 진동 방향과 매질의 진동 방향이 나란한 파동
   b. 종파 - 파동의 진동 방향과 매질의 진동 방향이 수직인 파동
   c. 초음속 - 어떤 성분에서의 음속보다 빠른 속력
   d. 충격 음파 - 마하 1이나 그 이상의 속력으로 이동하는 물체에 의해 발생되는 소리
   e. 피치 - 소리의 높고 낮음을 나타내는 것으로 주로 음파의 주파수에 의해 결정됨

2. 기술자는 전자장치의 음파가 더 짧은 파장을 내도록 조정해야 한다. 파장과 주파수는 반비례한다고 했다. 기술자가 더 높은 피치를 원한다면, 더 높은 주파수를 원하는 것이고, 더 짧은 파장을 원하는 것이다.

3. 음파를 알아내려면 공식(14.2)을 사용하면 된다.

$$v=(331.5+0.6\cdot 30)\frac{m}{s}$$

$$v=(331.5+18)\frac{m}{s}$$

$$v=349.5\frac{m}{s}$$

4. 파동의 주파수를 알아내려면 공식(14.1)을 사용하면 된다.

$$f=\frac{v}{\lambda}$$

$$f=\frac{349.5\frac{\cancel{m}}{s}}{0.5\cancel{m}}=699\frac{1}{s}$$

주파수는 699Hz이다.

5. 초고주파는 20Hz 미만의 주파수(인간의 귀가 들을 수 있는 가장 낮은 주파수)를 가지며, 초저주파는 20,000Hz 미만의 주파수(인간이 귀가 들을 수 있는 가장 높은 주파수)를 가진다. 음파는 20에서 20,000Hz 사이의 주파수를 가진다. 어떤 파동이 초고주파인지, 음파인지, 초저주파인지를 알아내려면 그 파동의 주파수를 알아야 한다. 공식(14.1)을 사용하면 알 수 있다.

$$f=\frac{v}{\lambda}=\frac{345\frac{\cancel{m}}{s}}{0.5\cancel{m}}=0.69\frac{1}{s}$$

주파수가 20Hz 미만이므로, 이 파동은 초저주파이다.

6. 물리학자는 알람 소리를 들을 수 없다. 공기가 없으면 알람으로부터의 음파가 전달될 수 없기 때문이다. 알람이 파동을 만들 수 없게 되어 소리가 없게 되는 것이다.

7. 음파는 종파이다.

8. 거리를 알아내려면, 번개와 소리 사이의 시간 차이를 사용해야 한다. 여기서 번개가 우리 귀에 도달하는 시간은 번개가 형성된 시간과 동시라고 가정한다. 따라서 소리가 우리에게 이동하는데 걸린 시간으로 거리를 구할 수 있다. 먼저 소리의 속력을 알아야 한다.

$$v=(331.5+0.6\cdot 13)\frac{m}{s}$$

$$v=(331.5+7.8)\frac{m}{s}$$

$$v=339.3\frac{m}{s}$$

이제 공식(14.3)을 사용하면 다음과 같다.

이동 거리=(속력)×(걸린 시간)

$$\text{이동 거리} = (339.3\frac{m}{s}) \times 2.3s = 780.39m$$

9. 소리는 기체나 액체에서보다 고체에서 더 빨리 전달된다. 따라서 소리는 벽에서 더 빨리 이동한다.

10. 어떤 파동이 장애물에 부딪히면, 그 파동의 일부는 반사되고, 일부는 그 장애물 속으로 전달된다고 했다. 따라서 파동의 일부분만 벽에서 이동하기 시작한다. 파동의 일부분만 벽에 존재하기 때문에 파동의 진폭이 작아졌다는 것을 의미한다.

11. 제트기의 속력을 구하려면 먼저 소리의 속력을 구해야 한다. 마하 2.5라는 것은 소리의 속력 곱하기 2.5와 같으므로, 제트기의 속력을 구하려면 음속을 알아야 한다.

$$v = (331.5 + 0.6 \cdot T)\frac{m}{s}$$

$$v = (331.5 + 0.6 \cdot 1)\frac{m}{s}$$

$$v = (331.5 + 0.6)\frac{m}{s} = 332.1\frac{m}{s}$$

소리가 332.1m/s로 이동하기 때문에, 마하 2.5는 2.5×(332.1m/s), 또는 830.25m/s로 이동하는 것이다.

12. 이 문제는 앞에 문제와 매우 유사한 문제이다. 마하로 얼마인지를 구하려면 먼저 소리가 공기 중에서 얼마나 빠르게 이동하는지 알아야 한다.

$$v = (331.5 + 0.6 \cdot T)\frac{m}{s}$$

$$v = (331.5 + 0.6 \cdot 0)\frac{m}{s} = 331.5\frac{m}{s}$$

마하로 얼마인지 알아내려면 제트기의 속력을 소리의 속력으로 나누어주면 된다. 그러면 제트기가 이동하는 속력이 소리보다 얼마나 더 빨리 이동하는지를 알 수 있다.

$$464.1 \div 331.5 = 1.4$$

이는 제트기가 마하 1.4로 이동한다는 것을 의미한다.

13. 어떤 제트기가 마하 1이나 그 이상일 경우에는 정말 커다란 소리가 나는 공기의 충격 음파가 생성된다. 그 소리는 사람들의 귀나 건물에 피해를 입힐 수 있다. 따라서 충격 음파는 근처에 사람들이나 건물이 있을 때에 생성되어서는 안 된다.

14. 현이 짧아졌기 때문에 파장이 작아진다. 이는 더 높은 주파수를 발생시킨다. 따라서 피치는 올라간다.

15. 파장, 주파수, 속력은 동일할 것이다. 피치는 주파수에 의해 결정되고, 그것은 파장을 결정한다. 속력은 온도에 의해서만 달라진다. 그러나 진폭이 크기를 결정하기 때문에 파동의 진폭은 달라질 것이다.

16. 자동차가 여러분으로부터 멀어지고 있으므로, 경적에 의해 형성된 음파도 점점 더 멀어지고 있는 것이다. 이는 파장이 귀에 더 긴 것으로 들기에 되어 더 낮은 주파수를 형성시킨다. 따라서 경적의 피치는 여러분으로부터 멀어지고 있을 때 더 낮아진다.

17. 경찰차 쪽으로 이동하고 있을 때에는 정지해 있을 때보다 음파의 밀을 더 빠르게 경험하게 된다. 그 결과 파장은 더 짧은 것으로 여겨지고, 더 높은 주파수가 발생한다. 이는 피치가 더 높아지게 됨을 의미한다.

18. 모든 벨 단위는 하나 상승할 때마다 음파의 강도가 10의 인수만큼 상승하는 것과 같다. 따라서 자신의 목소리와 비교하여 차량의 소리가 몇 벨인지를 구해야 한다.

$$\frac{80\cancel{\text{dB}}}{1} \times \frac{0.1\text{B}}{1\cancel{\text{dB}}} = 8\text{B}$$

$$\frac{100\cancel{\text{dB}}}{1} \times \frac{0.1\text{B}}{1\cancel{\text{dB}}} = 10\text{B}$$

차량의 소음이 목소리보다 2벨 더 크므로, 음파 강도의 상승은 2인수만큼 더 높아진 것이다. 따라서 차량은 목소리의 음파 강도보다 10×10=100 만큼 더 큰 강도의 파동을 가진다.

19. 모든 벨 단위는 하나 상승할 때마다 음파의 강도가 10의 인수만큼 상승하는 것과 같다. 따라서 진폭에 몇 벨이 들어가는지 구해야 한다.

$$\frac{30\cancel{\text{dB}}}{1} \times \frac{0.1\text{B}}{1\cancel{\text{dB}}} = 3\text{B}$$

진폭이 1,000의 인자만큼 파동의 강도를 확대시켰다면, 그것은 10×10×10와 같은 것이다. 따라서 각 10의 인자가 벨 단위가 한 개 증가하는 것을 나타내므로, 그 진폭에서 나오는 소리는 3벨이 더 크다. 나오는 소리가 6벨이므로, 60데시벨과 같은 것이다.

단원 ⑮ 학습 지침 해답

1. a. 전자기파 - 진동하는 전기장과, 그 전기장에 수직으로 진동하는 자장으로 이루어진 횡파
   b. 반사의 법칙 - 반사각과 입사각은 같다.

2. 빛의 파동설은 빛을 두 개의 횡파로 보는 것이다. 이 중 한 개는 진동하는 자장으로 이루어지면, 다른 하나는 진동하는 전장으로 이루어진다. 빛의 입자설은 광선을 광자라고 하는 하나의 입자로 보는 것이다. 양성자역학이론에서는 빛이 입자이면서 파동이라고 설명한다. 빛은 입자와 같이 행동하는 패킷으로 이루어져 있지만, 그 패킷은 실제로 파동으로 이루어져 있다는 것이다.

3. 광파는 전장과 자장을 진동하게 만든다. 각각은 서로 수직으로 진동하며, 진행 방향에 수직으로 진동한다.

4. 아인슈타인의 특수상대성이론에서는 질량이 있는 것 중에 빛의 속력보다 빠르게 이동할 수 있는 것은 없다고 설명한다.

5. 소리와는 달리 빛은 기체에서보다 액체에서 더 느리게 이동한다. 따라서 빛이 물을 떠난 다음에는 속력이 빨라지게 된다.

6. 첫 글자, 빨, 주, 노, 초, 파, 남, 보를 생각하면 색의 파장에 대한 상대적인 크기를 기억하기가 쉽다. 빨간색이 가장 긴 파장이고 보라색이 가장 짧은 파장이다. 따라서 파장의 긴 순서대로 나열하면 보라색, 초록색, 노란색, 주황색이다.

7. 파장과 주파수는 반비례한다. 따라서 주파수가 커지는 순서대로 나열하면 이전 문제에서의 순서와 반대가 된다. 즉, 주황색, 노란색 , 초록색, 보라색이다.

8. 전파는 가시광선보다 더 높은 파장을 가지는 반면, X-선은 더 짧은 파장을 가진다. 이것은 그림 15.3으로부터 알 수 있다. 가시광선의 색과 같이, 파장의 값들을 기억할 필요는 없지만, 그림에서 가장 중요하다고 할 수 있는 상대적인 파장은 기억하고 있어야 한다. 주파수와 파장은 반비례하므로, 전파는 가시광선보다 더 낮은 주파수를 가지고, X-선은 더 높은 주파수를 가진다.

9. 적외선은 보이지 않는 빛이다. 따라서 인간의 신체가 끊임없이 적외선을 방출하고 있다고 하더라도 우리는 그러한 현상을 볼 수 없다. 물론 인간의 신체에서 적외선이 방출되는 현상을 보게 해주는 도구가 있다. 그것을 사용하면 살이 있는 유기체나 그 외 뜨거운 물체를 어두운 곳에서도 볼 수 있다.

10. 반사의 법칙에 의해, 반사된 빛도 그 선을 기준으로 15°의 각도를 받는다.

11. 그렇다. 몸을 어떤 부분을 볼 수 있으려면 빛이 신체의 그 부분으로부터 거울에 반사되어 눈까지 이동할 수 있어야 한다. 그러면 뇌가 그 선을 뒤로 연장하여 거울에 어떤 영상을 만든다. 중요한 것은 거울에 닿는 빛이 반사의 법칙을 준수해야 한다는 것이다.

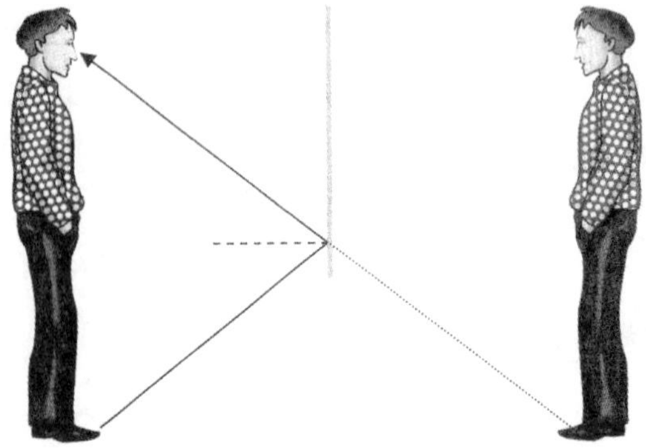

거울이 훨씬 더 작다면, 빛이 발에서부터 이동하여 눈까지 갈 수 있는 방법이 없으므로 반사의 법칙을 준수할 수가 없게 된다.

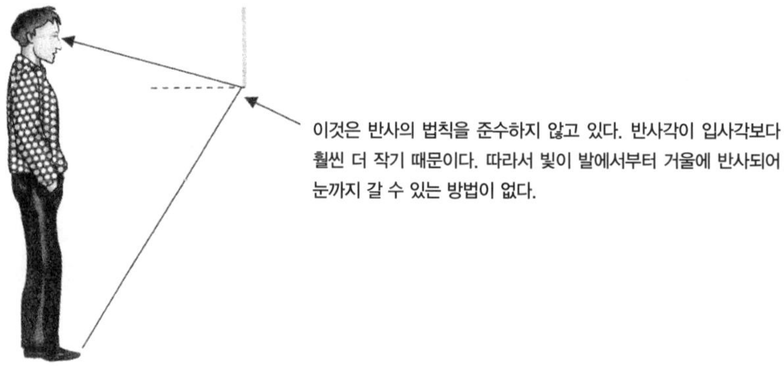

12. 광선은 반사되거나 굴절될 수 있다.

13. 빛이 빠르게 이동할 수 있는 물질에서 느리게 이동하게 되는 물질로 가게 되면, 빛은 수직선을 향해 휘어지게 된다. 빛은 유리에서보다 공기 중에서 더 빠르게 이동하므로, 빛은 수직선을 향해 휘어지게 된다.

14. 물 아래에서 물체를 볼 수 있으려면 빛이 물체에서 눈으로 이동해야 한다. 따라서 빛이 물에서 나와 공기 중으로 이동해야 한다. 빛이 물에서 공기 중으로 이동하면 휘어지게 된다. 이로 말미암아 물체가 약간 다른 위치에 있는 것으로 잘못 보게 된다.

15. 공기 중에 물방울이 매달려 있어야 하며, 태양이 우리 위에서 물방울을 비추고 있어야 하고, 태양은 어떠한 각도(또는 하늘의 높이)로 있어야 한다. 물방울로 말미암아 굴절이 발생한다. 그러나 우리가 볼 수 있을 정도로 색들이 분산되려면 빛이 굴절된 후, 반사되고, 그다음 다시 굴절되어야 한다(그림 15.6 참조). 그렇게 되려면, 우리가 보고 있는 쪽에 있는 물방울에 빛이 들어와야 하는 것이다.

16. 볼록 렌즈는 광선이 휘어지게 만들어서 광선을 하나의 점으로 모으게 된다. 발상 렌즈는 광선이 서로 다른 쪽으로 멀어지게 만든다.

17. 렌즈의 기능은 모양에 따라 달라진다. 렌즈 (a)는 볼록 렌즈이고, 렌즈 (b)는 오목 렌즈이다.

18. 눈은 렌즈의 모양을 바꾸어 빛의 초점을 맞춘다. 카메라는 렌즈의 위치를 바꾸어 빛의 초점을 맞춘다. 눈의 방식이 훨씬 더 빠르고 훨씬 더 정확하다.

19. 빨간색 추상체 세포가 더 이상 작동하지 않는다면 뇌는 빨간색 빛을 보지 않고 있다고 생각하게 된다. 흰색 빛이 종이에서 반사되어 눈으로 가게 되면 초록색 추상체 세포와 파란색 추상체 세포가 뇌에 신호를 보내게 된다. 그 결과 흰색 종이는 파란색-초록색, 또는 청록색으로 보이게 된다. 빨간색 종이를 바라보았을 경우에는 빨간색 빛만 반사하기 때문에 빨간색인 것이다. 따라서 눈에 빨간색 빛만 전달된다. 그러나 빨간색 빛을 볼 수 없기 때문에 빨간색 종이는 검정색으로 보이게 된다. 실제로는 거의 회색으로 보이게 될 것이다. 눈(간상체)에 있는 다른 세포들이 색을 감지하지 않고 빛의 존재를 감지하기 때문이다. 따라서 뇌는 간상체로부터 빛이 존재하고 있다는 신호를 받긴 하지만, 추상체로부터 색을 나타내는 신호를 받지는 못하게 된다. 뇌는 약간 혼란스러워하며, 흰색이나 검은색을 보고 있는 것처럼 희끄무레한 색의 영상을 형성하게 된다.

20. 보라색으로 보이려면 보라색을 제외한 모든 색을 흡수해야 한다. 따라서 빨간색, 노란색, 주황색, 초록색, 파란색, 남색을 흡수한 것이다.

21. 청록색은 파란색과 초록색을 제외한 모든 색을 흡수하기 때문에, 그것에 비추어지는 모든 빨간색 빛을 흡수하게 된다. 그 결과 눈에 어떠한 빛도 보이지 않게 된다. 그러므로 빨간색 빛을 비추면, 종이는 검은색으로 보이게 된다. 초록색 빛을 비추었을 경우에는 초록색 빛이 반사된다. 그러나 혼합되어 있는 색에는 파란색이 없다. 그러므로 초록색 빛을 비추면 종이는 초록색으로 보이게 된다.

단원 ⑯ 학습 지침 해답

1. a. 핵융합 - 두 개 이상의 작은 핵이 융합되어 더 큰 핵이 만들어지는 작용
   b. 핵분열 - 큰 핵이 더 작은 핵들로 분열되는 작용
   c. 임계 질량 - 연쇄 반응이 지속되는데 필요한 동위원소의 양
   d. 절대 등급 - -8에서 +19의 단위로 거리 요소에 대해 보정한 별의 밝기, 수가 작을수록 별이 더 밝다.
   e. 시 등급 - 밤하늘에 보이는 것과 같은 별의 밝기. 수가 작을수록 별이 더 밝다.
   f. 광년 - 빛의 빠르기로 1년 동안 직진으로 이동할 수 있는 거리
   g. 은하 - 중력장을 통해 서로 상호작용하고 있고, 공통의 중심을 돌고 있는 거대한 별들의 집합체

2. 태양의 네 가지 영역을 안쪽에서부터 나열하면, 핵, 방사층, 대류권, 광구이다.

3. 태양은 핵에서 발생하는 핵융합으로부터 힘을 얻는다.

4. 우리는 광구만 볼 수 있다.

5. 큰 핵이 두 개의 더 작은 핵들(그리고 몇 개의 중성자)로 분리되었으므로, 이것은 핵분열이다.

6. 두 개의 작은 핵이 더 큰 핵(그리고 중성자 한 개)이 되었으므로, 이것은 핵융합이다.

7. 둘 모두 질량이 에너지로 변환되는 것이다. 따라서 반응이 시작되기 전에 물질의 질량이 반응이 완료된 후 물질의 질량보다 더 크다.

8. 핵발전소에서 핵폭발이 일어날 수 없는 이유는 핵발전소에는 큰 핵의 임계 질량보다 핵폭발이 일어날 수 있을 만큼 훨씬 더 많은 양의 큰 핵을 가지고 있지 않기 때문이다.

9. 핵융합은 방사능을 띠는 부산물이 발생되지 않고, 용해될 가능성도 없으며, 반응 전 필요 물질이 저렴하기 때문에 더 좋은 에너지 생산원이라고 할 수 있다.

10. 그러나 경제적으로 핵융합을 실행할 수 있는 기술을 아직 완성하지 못했기 때문에 아직은 핵융합을 사용할 수 없다.

11. 별을 분류하기 위해서는 H-R 도에서 별의 등급과 분광 문자를 찾아야 한다. 이 문제에서 별에 대해 주어진 값들을 고려해보면 다음 H-R 도에서 찾아낼 수 있을 것이다.

분광 문자

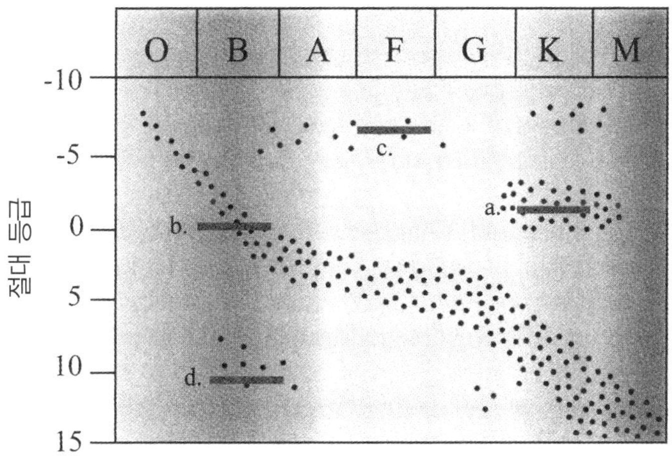

따라서 다음과 같다.

a. 적색 거성　　b. 주계열　　c. 초거성　　d. 백색 왜성

12. 우리의 태양은 주계열 별이다. 따라서 별 (b)가 우리의 태양과 같을 것이다.

13. 일반적으로 초거성이 가장 크고, 그다음이 적색 거성이며, 그다음이 주계열, 그다음이 백색 왜성이다. 따라서 크기가 커지는 순서대로 나열하면, (d), (b), (a), (c)이다.

14. 밝기는 등급으로 알 수 있다. 그러나 등급이 작을수록 별의 밝기는 밝아진다. 따라서 밝기가 커지는 순서대로 나열하면, (d), (b), (a), (c)이다.

15. H-R 도의 오른쪽으로 멀어질수록 별의 온도는 낮아진다. 따라서 (a)가 가장 춥다.

16. 이 모든 세 가지 종류의 별은 변광성 종류이다. 따라서 이들의 밝기는 근본적으로 시간에 따라 변하게 된다.

17. 이 세 가지 종류의 별들의 큰 차이점은 수명이다. 맥동성은 가장 오랫동안 지속되고, 초신성은 매우 짧은 시간 동안 존재하며, 신성은 이들 중간 즘의 수명을 가지고 있다.

18. 게성운은 대부분 초신성으로 형성되어 있다.

19. 두 개의 방식은 패럴랙스 방식과 시등급 방식이다. 패럴랙스 방식은 정확하지만, 시등급 방식은 더 긴 거리를 측정하는 데 사용된다.

20. 케페우스형 변광성은 이들의 주기와 등급 사이에 어떤 관계를 가지고 있는 것으로 보이기 때문에 먼 거리를 측정하는데 중요하다. 그러므로 시등급 방식을 사용하면 이들로부터 우주에서 먼 저리를 측정할 수 있게 된다.

21. 은하의 기본적인 네 가지 종류는 나선은하, 렌즈상은하, 타원은하, 불규칙은하가 있다. 은하계는 나선형은하에 속한다.

22. 별들이 서로 모여서 은하를 형성하고, 이들이 서로 모여서 은하 그룹을 형성하고, 이들이 서로 모여서 성단을 형성하고, 이들 중 일부가 모여서 초은하 집단을 형성한다.

23. 지구의 태양계는 은하계에 속해 있고, 은하계는 국부 은하군에 속해 있으며, 이 국부 은하군은 처녀자리 성단에 속해 있다.

24. 대부분의 천문학자들은 거의 모든 은하에서 오는 빛이 지구에 도달하기 전에 적색편이를 경험하게 되고, 그 적색 편이는 은하가 지구로부터 더 멀리 있을 때 더 커지므로, 우주가 팽창하고 있다고 생각한다.

25. 그렇다. 우주 팽창의 기하학은 매우 커다란 차이점을 만들게 된다. 우주의 형성에 관해 나올 수 있는 이론들이 이 첫 번째 가설에 달려 있기 때문이다.

【 부록B 요약 문제 】 해답편

☞ 모든 빈 칸이 여기서 사용된 구문으로 정확하게 채워져야 할 필요는 없다. 일반적인 의미만 통하면 괜찮다.

단원 ❶ 요약 문제 해답

1. 원자는 물질의 가장 작은 화학 단위이다. 이들은 너무 작기 때문에 이들을 볼 수 없다. 주사형 터널 현미경으로 관찰된 원자의 영상은 사진이 아니고, 컴퓨터 계산의 결과다. 그러한 영상은 원자가 존재한다는 것을 알려주는 다량의 간접적인 증거의 일부분이 될 뿐이다. 두 개 이상의 원자가 서로 합해지면, 이들은 분자를 형성하게 되며, 분자에는 그들만의 고유한 특성이 존재한다.

2. 어떤 성분이 수 천 조 개의 동일한 원자로 이루어져 있으면, 그것을 원소라고 하며, 수 천 조 개의 분자로 이루어지는 성분은 화합물이라고 한다. 일부 성분은 혼합물이라고 하기도 하는데, 그것은 두 종류 이상의 원자나 분자로 이루어진 것을 말한다. 실험 1.1에서 물이라는 분자가 두 개의 원소, 수소와 산소로 이루어져 있는 것을 관찰했다. 그리고 전선의 구리 부분이(원소) 베이킹 소다 분자와 반응하여 구리 히드록시카보네이트를 형성하는 것도 관찰할 수 있었다.

3. 측정을 할 때에는 기록하는 단위가 그 값만큼 중요하다. 질량의 기본적인 미터법 단위는 g이며, 질량의 기본적인 영국식 단위는 slug이다. 무게의 기본적인 미터법 단위는 N이며, 무게의 기본적인 영국식 단위는 pound이다. 물체의 무게는 중력에 따라 달라지지만, 질량은 그렇지 않다.

4. 길이의 기본적인 미터법 단위는 m이며, 길이의 기본적인 영국식 단위는 ft이다. 부피의 기본적인 미터법 단위는 L이며, 부피의 기본적인 영국식 단위는 gallon이다.

5. 미터법 단위계에서, 접두사는 단위의 크기를 알려주는 것이다. '밀리' 라는 접두사는 0.001을 의미하며, '센티' 라는 접두사는 0.01을 의미한다. '킬로' 라는 접두사는 1,000을 의미한다. 따라서 질량이 1cg인 물체는 질량이 1kg인 질량보다 적은 질량을 가지고 있는 것이다.

6. 온도의 미터법 단위는 섭씨이다. 이 단위는 접두사가 사용되지 않는다. 이 단위로 볼 때, 물은 0°C에서 얼고 100°C에서 끓는다.

7. 구약성서에서는 길이를 측정하는 단위로 규빗이라는 단위가 사용되었었다.

8. 어떤 부피 안에 존재하는 어떤 성분의 양을 말한다. 어떤 농도에서는 화학물이 한 가지 방식으로 작용한다. 다른 농도에서는 같은 화학물이라도 다른 방식으로 작용할 수 있다. 예를 들어, 비타민은 낮은 농도일 때에는 우리의 신체에 매우 좋은 성분이지만, 너무 높은 농도일 경우에는 유해한 성분이 되어 버린다. 실험 1.3에서는 식

초의 농도가 너무 짙어지면, 제산제가 더 빨리 사라지게 되는 것을 볼 수 있었다.

9. 본 과정에서는 단위-인자법을 사용하여 변환을 하였다. 이 방식은 원래의 단위와 변환하려는 단위 모두에 포함되어 있는 분수를 곱하여 원하는 값을 변환하는 방식이다.

10. $\frac{34.5\cancel{\text{kL}}}{1} \times \frac{1{,}000\text{L}}{1\cancel{\text{kL}}} = \underline{34{,}500\text{L}}$

11. $\frac{0.00045\cancel{\text{g}}}{1} \times \frac{1\text{mg}}{0.001\cancel{\text{g}}} = \underline{0.45\text{mg}}$

12. 이러한 측정값을 비교하려면 단위를 일치시켜야 한다. L를 mL로 변환시키는 것이 더 쉽겠지만, mL를 L로 변환시킬 것이다.

$$\frac{45\text{mL}}{1} \times \frac{0.001\text{L}}{1\cancel{\text{mL}}} = 0.045\text{L}$$

45mL는 실제로 0.045L와 같은 것이다. 따라서 0.6L에 더 많은 부피가 들어간다.

13. $\frac{13.1\cancel{\text{g}}}{1} \times \frac{1\text{cg}}{0.01\cancel{\text{g}}} = \underline{1{,}301\text{g}}$

14. $\frac{45.1\cancel{\text{mL}}}{1} \times \frac{0.001\text{L}}{1\cancel{\text{mL}}} = \underline{0.0451\text{L}}$

15. $\frac{13.1\cancel{\text{miles}}}{1} \times \frac{5{,}280\text{ft}}{1\cancel{\text{mile}}} = 69{,}168\text{ft}$

16. $\frac{16.2\cancel{\text{m}}}{1} \times \frac{1\text{cm}}{0.01\cancel{\text{m}}} = \underline{1{,}620\text{cm}}$

17. $\frac{345.6\cancel{\text{mg}}}{1} \times \frac{0.001\text{g}}{1\cancel{\text{mg}}} = \underline{0.3456\text{g}}$

18. $\frac{100.0\cancel{\text{yards}}}{1} \times \frac{3\text{ft}}{1\cancel{\text{yard}}} = \underline{300\text{ft}}$

19. $\frac{451\cancel{\text{g}}}{1} \times \frac{1\text{kg}}{1{,}000\cancel{\text{g}}} = 0.0451\text{kg}$

단원 ❷ 요약 문제 해답

1. 공기 중에 존재하는 수분의 양을 습도라고 한다. 하나님은 우리가 너무 더우면 땀을 흘리도록 설계하셨다. 그로 말미암아 피부에서 물이 방출되어 증발된다. 증발이 일어나려면 피부에서 공급되는 에너지가 필요하다. 그 결과 땀이 증발되면, 피부의 온도가 내려가게 된다. 습도가 높으면, 땀이 빠르게 증발하지 못하게 되어, 냉각되지 못하게 된다. 그러한 이유로 대부분의 일기예보에서는 온도와 습도의 조합인 열지수를 알려준다.

2. 습도를 기록하는 데에는 두 가지 방식이 있다. 한 가지는 상대 습도이고, 다른 하나는 절대 습도이다. 어떤 부피의 공기 안에 들어 있는 수증기의 질량을 기록할 때에는 절대 습도를 사용한다. 어떤 온도에서 공기 중에 들어갈 수 있는 수증기의 최대 질량 대, 그 온도에서 공기 중에 실제로 들어 있는 수증기의 질량비를 기록할 때에는 상대 습도를 사용한다.

3. 상대 습도가 높으면, 물은 천천히 증발된다. 상대 습도가 낮은 날에는 물이 더 빠르게 증발한다. 상대 습도가 100%인 경우에는, 공기가 물에 포화되었다고 이야기한다.

4. 건조한 공기(수증기를 모두 제거한 공기)에는 78%의 질소와 21%의 산소, 그리고 1%의 기타 기체들로 구성되어 있다. 이것은 생명체가 살아남을 수 있게 해주는 이상적인 혼합비이다. 산소는 우리의 신체가 연소 반응을 수행할 수 있도록 해준다. 충분한 산소가 없으면, 우리의 신체는 생명을 유지하는데 필요한 충분한 에너지를 공급하지 못한다. 그러나 대기 중에 산소가 너무 많을 경우에도 사람들의 건강상에 문제가 생길 수 있으며, 자연적인 산불의 발생률도 더 심각하게 증가할 수 있다.

5. 우리가 들이마시는 대부분의 공기는 질소이며, 우리가 내뱉는 대부분의 공기는 질소이다. 질소 이외에도, 우리가 내뱉는 다른 주요 기체들에는 산소, 수증기, 이산화탄소가 있다. 이 세 가지 기체 중에 우리는 산소를 다른 두 기체들보다 훨씬 더 많이 내뱉는다. 이산화탄소는 유기체들의 호흡과 화재의 결과로 대기 중에 들어가게 된다.

6. 광합성 작용을 통해, 식물은 이산화탄소와 물을 자신들의 양분인 당분으로 변환한다. 이 작용의 부산물은 산소이다. 이산화탄소는 이들이 자신의 양분을 스스로 공급할 수 있도록 해줄 뿐만 아니라, 지구의 온도를 조정해주는 역할도 한다. 온실 효과라고 하는 작용을 통해, 이 기체는 지구로부터 방출되는 열을 붙잡는다. 이 기체가 없으면, 지구의 평균 온도는 너무 낮아져 생명체가 살아갈 수 없게 될 것이다.

7. 온실 효과가 제어되지 않으면, 시간이 지날수록 지구의 평균 온도가 상승하는 지구 온난화 문제가 발생하게 된다. 이 문제는 좋지 않은 것이지만, 온실 효과는 지구에 생명체가 살아가도록 만들어주는 것이므로 좋은 것이다. 이산화탄소는 온실 효과에 참여하는 기체이기 때문에 대기 중의 이산화탄소 농도가 상승하는 것을 보고 지구 온난화 현상이 발생할 것으로 생각하며 두려워하는 사람들도 있다.

8. 지구의 평균 온도는 지난 100년 동안 거의 변하지 않았다. 1800년대 말부터 1900년대 초반까지 지구의 평균 온도는 아주 조금 상승했었다. 그러나 그것은 대기 중의 이산화탄소 량이 상당히 늘어나기 전의 일이었다. 따라서 이산화탄소 농도의 증가가 지구 온난화를 초래했다는 증거는 거의 없다. 게다가 지구는 오늘날보다 9세기와 14세기 사이에 훨씬 더 따뜻했었다.

9. 자외선은 살아있는 조직을 죽일 수 있는 충분한 에너지를 가지고 있기 때문에 살아있는 유기체에게 해로운 것이다. 태양이 상당한 양의 자외선을 방출하고 있지만, 대부분 오존층에 있는 오존에 의해 차단된다. 이 기체는 유독한 것이나, 오존층은 사람이 호흡을 하지 않은 해발 높은 곳에 존재하고 있다. 태양에서 오는 대부분의 자외선이 차단된다고 하더라도 일부는 통과되기 때문에, 피부가 자외선에 오랜 시간 너무 많이 노출되면 화상을 입을 수 있게 된다.

10. 농도를 ppm으로 기록할 때에는 그 혼합물의 1 백만 분자(또는 원자)마다에 대해 혼합물 속에 들어 있는 성분의 분자 개수(또는 원자의 개수)를 기록한다. 대부분의 오염 물질들의 농도는 매우 낮은편이기 때문에 ppm으로 나타내곤 한다. 대부분의 사람들이 생각하는 것과는 달리, 지구 대기의 오염물질의 농도는 몇 년 동안 계속 감소하고 있다. 즉, 오늘날 우리가 호흡하는 공기는 30년 전보다 더 깨끗하다.

11. 산화황은 황이 연소할 때 대기 중에 들어간다. 황은 우리가 연소하는 모든 연료에 들어 있는 오염물이다. 석탄과 같은 일부 연료에서 황의 함유량은 '세정' 이라는 과정을 통해 감소될 수 있다. 그 외에도 여러 산업계에서 연료를 연소함으로써 나오는 기체 혼합물에서 산화유황을 세정하는데 도움을 주는 굴뚝을 사용하고 있다. 이 장치는 보통 가스 세정기라고 부른다. 인간의 활동으로 말미암아 산화황이 대기 중에 들어가고 있긴 하지만 산화황을 대기 중에 내보내게 만드는 자연적인 근원도 존재하는 데, 그 중 가장 큰 근원이 화산활동이다.
(산화황에는 이산화황과 삼산화황이 있다.)

12. 산화질소는 질소를 연소시킬 때 형성된다. 이와 같은 현상은 매우 높은 온도에서 이루어지므로, 엔진과 발전소는 산화질소를 발생시키는 주요 인공적 근원이라고 할 수 있다. 그러나 산화질소를 발생시키는 자연적인 근원도 많이 있는데, 예를 들면, 화산활동, 번개, 그리고 생물학적 부패가 있다.

13. 오존층에 존재하는 오존이 살아있는 유기체를 보호하고 있지만, 오존은 유해하다. 따라서 지표면 상의 오존은 사람이 호흡하게 되므로, 오염물질이라고 할 수 있다. 그러나 오존층에 있는 오존은 사람이 호흡하지 않으므로 오염물질이라고 하지 않는다.

14. 일산화탄소는 불완전 연소로 말미암아 발생하는 유해한 부산물이다. 이산화탄소와는 달리 이 기체는 몇 백 ppm의 낮은 농도에서도 치명적일 수 있다. 자동차는 이 기체를 주원료로 사용하고 있었지만, 촉매 변환기의 도입으로 기체를 이산화탄소로 변환함으로써 자동차에서 발생하는 양이 상당히 줄어들게 되었다.

15. 자동차에서 연소하는 휘발유의 양을 감소시키기 위해서 미국 정부는 1gallon의 휘발유로 주행할 수 있는 자동차의 평균 주행 마일을 규정하는 CAFE 기준을 발행하기 시작했다. 이 기준이 자동차가 내보내는 오염물질을 감소시키긴 했지만, 이로 말미암아 교통사고의 발생률이 증가하기도 했다.

16. 어떤 행위를 그것으로 말미암아 발생되는 긍정적인 부분과 부정적인 부분을 비교하여 긍정적인 결과가 수반되는 부정적인 결과에 비해 가치가 있다고 여겨지는지를 결정하는 방법을 비용 편익 분석이라고 한다. 어떤 오염 물질에 대한 규정을 세울 때에는 이러한 분석법을 통해 감소된 오염물질이 수반되는 대가보다 가치가 있는지를 확말미암아야 한다.

17. %와 ppm 사이의 관계를 알고 있으므로, 단위 인자법을 사용하여 변환할 수 있다.

$$\frac{0.03\cancel{\%}}{1} \times \frac{10{,}000\text{ppm}}{1\cancel{\%}} = 300\text{ppm}$$

따라서 공기 중의 오염물질의 농도는 300ppm이다.

18. ppm과 % 사이의 관계를 알고 있으므로, 단위 인자법을 사용하여 변환하면 된다.

$$\frac{151\cancel{\text{ppm}}}{1} \times \frac{1\%}{10{,}000\cancel{\text{ppm}}} = 0.0151\%$$

따라서 151ppm의 농도는 0.0151%이다.

19. $$\frac{0.091\cancel{\text{ppm}}}{1} \times \frac{1\%}{10{,}000\cancel{\text{ppm}}} = 0.0000091\%$$

20. $$\frac{0.011\cancel{\%}}{1} \times \frac{10{,}000\text{ppm}}{1\cancel{\%}} = 110\text{ppm}$$

단원 ❸ 요약 문제 해답

1. 지구 주위에 있는 공기 덩어리를 대기라고 부른다. 지구 주위에 있는 공기 덩어리와 닿는 모든 것에는 대기압이 가해지게 되는데, 이는 평균 해수면에서 1 제곱 인치 당 14.7파운드이다. 이것은 꽤 많은 압력인데도 불구하고 우리는 그 압력을 느끼지 못한다. 우리의 모든 방향에서, 심지어는 내부에서도 동일한 압력이 가해지고 있기 때문이다.

2. 실험 3.1에서 증기로 채워져 있던 캔을 얼음 물 속에 넣었더니 증기가 액체 물로 바뀌었다. 그러나 똑바로 세워

놓은 캔은 찌그러지지 않았다. 증기가 캔의 내부에 계속 압력을 가하고 있는 공기로 대체되었기 때문이다. 그러나 물 속에 뉘어 놓은 캔은 찌그러졌다. 공기가 증기로 바뀔 수 없어서 캔 내부로 가해지는 압력이 거의 없었기 때문이다.

3. 기압계는 대기압을 측정하는 것이다. 기압계는 주로 수은인 액체가 들어 있는 공기가 없는 관으로 이루어져 있다. 대기압이 액체를 누르고 있는데, 관 안에서 압력을 가하는 공기가 없으므로, 액체는 관 위로 밀려올라가게 된다. 관 내부의 액체 높이가 대기압의 값이 된다.

4. 대기압을 측정할 때에는 몇 개의 단위가 사용될 수 있다. 단위 pound/inch²은 1 제곱 인치 당 몇 파운드의 힘이 가해지는지를 알려주는 것이다. inch로 기록할 때에는 기압계의 수은 기둥 높이를 영국식 단위계로 기록하는 것이다. mmHg로 기록하면, 수은 기둥의 높이를 미터법으로 나타낸 것이다. 압력은 atm으로 기록할 수도 있는데, 이것은 해발에서 지구의 평균 대기압을 기준으로 상대적인 압력을 나타내는 것이다.

5. 대기압은 두 개의 일반적인 층으로 나뉠 수 있다. 균질권은 낮은 층으로, 여기에는 해발에 있는 공기와 같은 구성의 공기가 들어 있다. 그 보다 위에 있는 층은 비균질권으로 여기에는 균일하지 않은 기체들이 들어 있다. 그러나 두 층 모두 고도가 올라갈수록 공기의 총 양은 감소한다.

6. 균질권은 일반적으로 세 개의 영역으로 나뉜다. 가장 낮은 곳부터 나열하면, 대류권, 성층권, 그리고 중간권이다. 처음 두 층은 권계면으로 분리되고, 두 번째 두 층은 성층권계면으로 분리되며, 마지막 층은 중간권계면으로 비균질권과 분리된다. 이 모든 영역들과 비균질권은 모두 고도가 올라갈수록 대기압이 점점 더 감소한다.

7. 대류권에서는 고도가 올라갈수록 온도가 낮아진다. 이를 대류권의 온도 변화도라고 한다. 대류권은 지구의 기상층이라고도 불리는데, 그 이유는 지구의 거의 모든 구름, 비, 눈, 폭풍 등이 발생되는 곳이기 때문이다.

8. 지구의 서쪽에서 동쪽으로 부는 지구 주위를 도는 고속의 좁은 띠를 제트기류라고 한다. 이들은 성층권의 하단 부분과 대류권의 상단 부분에서 발생한다. 이들은 폭풍을 동반하는 경향이 있으며, 지구의 어떤 부분이 높은 대기압이나 낮은 대기압을 경험하게 되는지에 영향을 미친다.

9. 성층권에서는 고도가 올라갈수록 온도가 상승한다. 그것은 주로 그 곳에 있는 오존층에 의한 것이다. 중간권에서는 고도가 올라갈수록 온도가 낮아진다. 바깥 우주에서 중간권으로 암석이 들어와서 연소되는 것을 유성이라고 한다.

10. 에너지가 온도 차이로 말미암아 전달되는 경우, 이를 열이라고 부른다. 어떤 물체가 에너지를 얻으면, 그 물체를 이루고 있는 분자(또는 원자)가 더 빠르게 움직인다. 온도계는 실제로 어떤 물질의 분자(또는 원자)가 이동하고 있는 평균 속력을 측정하는 것이다. 따라서 온도는 어떤 성분의 분자(또는 원자)의 무작위한 운동 에너지

를 측정한 것이라고 할 수 있다.

11. 오존층의 '구멍' 은 오존층의 오존 농도가 계절별로 낮아지는 것을 말한다. 이는 주로 남극대륙 위에서 발생한다. 인공적인 물질인 CFCs(클로로플루오카본)은 그 부분적인 원인이 된다. 다른 화학 성분들과는 달리, 이들은 굉장히 반응성이 낮아서 오존층까지 가는 동안 살아남을 수 있기 때문에 오존을 파괴할 수 있는 것이다. 흥미로운 것은 이와 같은 성질로 말미암아 이 물질이 인체에 무해할 수 있다는 사실이다. 이들은 소방, 냉장고, 그리고 살균 소독에 매우 효율적인 화학성분이다. 이러한 유용성에도 불구하고, 몬트리올 의정서로 이들의 생산을 중단하게 되었다. 그러나 이와 같은 조치는 더 많은 사람을 사망에 이르게 하게 될 것으로 보인다.

12. 오존층의 '구멍' 은 CFCs를 널리 이용하기 훨씬 전에도 발견되었었다. 그러나 CFCs를 생산한 이 후부터, 그 '구멍' 은 더 '깊어졌다.' CFCs는 무거운 물질인데도 불구하고, 극소용돌이에 의해 오존층까지 올라갈 수 있다. 바로 이것이 오존 '구멍' 이 계절적인 현상이 이유이며, 남극대륙 위에 집중되어 있는 이유이다. CFCs의 제거가 오존 '구멍' 의 깊어짐을 감소시킬 수는 있지만, CFCs로 살릴 수 있는 더 많은 생명을 살리지 못하게 될 것으로 보인다. 오존 '구멍' 은 지구 온난화에 영향을 미치지 않는다. 실제로 오존층의 오존의 양이 줄어드는 것은 지구의 평균 온도를 떨어뜨리고 있을 뿐이다.

13. 비균질권은 일반적으로 두 개의 층으로 나뉘어신다. 하나는 열권이고 다른 하나는 외기권이다. 열권은 외기권보다 아래에 있으며, 이들은 외부 우주의 일부분으로 간주할 수 있다. 열권의 분자 개수는 너무 적어서 온도계가 온도를 측정할 수 없을 정도이다. 단 몇 개 안 되는 분자들의 평균 에너지가 매우 높다. 외기권은 지구 주위를 도는 원자와 분자들로 구성되어 있다. 이들은 어디에서 외기권이 끝나고, 어디에서 행성 간 우주가 시작되는지에 따라 달라진다.

14. 중간권의 상단 부분과 열권의 하단 부분 사이에는 대기의 기체가 이온화되는 영역이 있다. 이 영역을 전리층이라고 부른다. 원자는 양성자(양의 전하를 가짐), 전자(음의 전하를 가짐), 중성자(전하가 없음)로 이루어져 있다. 원자는 항상 같은 수의 전자와 양성자를 가지고 있다. 이것은 원자는 전체적으로 순전하가 없다는 것을 의미한다. 원자 하나가 전자를 잃으면(또는 얻으면), 양전하와 음전하 사이에 불균형이 발생하여, 원자는 전기적으로 전하를 띠게 된다. 이러한 현상이 일어나면, 원자가 아니라 이온이 된다.

15. 북극광과 남극광은 오로라의 예이다. 이들은 하늘 위를 흥미로운 방식으로 이동하려는 찬란한 색들의 백열하는 영역으로 밤하늘에 나타난다. 이들은 전리층에서 이온화된 입자들 간에 발생하는 높은-에너지의 충돌에 의해 발생하는 것이다.

단원 ❹ 요약 문제 해답

1. 우리는 음식 없이는 2주 동안도 견딜 수 있지만, 물 없이는 며칠도 견디지 못하고 죽게 된다. 물이 없으면 우리가 알고 있는 생명체들은 살아남을 수 없다.

2. 전기를 사용하여 분자를 더 작은 단위로 분해하는 것을 전기분해라고 한다. 물에 이와 같은 방식을 사용하면 수소와 산소가 생성된다. 각 각의 부피를 측정하면 수소가 산소보다 두 배 많음을 알 수 있다.

3. 실험을 하다보면 종종 실험적 오차로 말미암아 잘못된 결과가 나오는 경우가 있다. 훌륭한 과학자는 실험에서 이러한 것의 크기를 줄이기 위해 노력하며, 이것이 많은 실험은 신뢰할 수 없는 것으로 여겨진다. 과학자가 새롭고 흥미로운 결론을 도출하기 위해 실험을 수행할 때에는 다른 과학자들이 실험 현장에 참여하여 실험을 하는 과학자가 인지하지 못했던 실험적 오차를 찾아내려고 노력하게 되는데, 이러한 과정을 상호 검토라고 한다. 이러한 과정의 중요성을 보여주는 한 예로, 이전에 마틴 플라이시먼 교수와 스탠리 폰스 교수는 저렴하고 제한 없는 에너지원인 저온 핵융합을 성공했다고 주장했었다. 그러나 이들은 자신들의 결과를 발표하기 전에 상호 검토를 수행하지 않았었다. 다른 과학자들이 이들의 실험에서 실험적 오류를 찾아내면서, 이들은 매우 난처해 졌었다.

4. 원자의 화학 기호에는 한 개, 또는 두 개의 문자가 포함되어 있다. 두 개의 문자가 있는 경우에는 첫째 문자가 대문자로 되어 있다. 이 문자들은 보통 원자의 영문, 또는 라틴어 이름에서 따 온 것이다. 화학식을 보면 그 분자의 구성을 알 수 있다. 그것은 화학식의 아래첨자가 각 원자의 개수를 나타내기 때문이다. 원자 기호 다음에 아래첨자가 없으면 그 원자가 분자에 한 개만 있다는 것을 의미한다. 따라서 분자 CaCO3에는 한 개의 칼슘(Ca) 원자, 한 개의 탄소(C) 원자, 그리고 세 개의 산소(O) 원자가 있는 것이다.

5. 수산화마그네슘은 산을 중화시키는 화학 물질이다. 여기에는 한 개의 마그네슘(Mg) 원자와 두 개의 산소(O) 원자, 그리고 두 개의 수소(H) 원자가 있다. 따라서 이것의 화학식은 MgO_2H_2이다. 질산염의 화학식은 NaNO3이다. 이 분자는 총 다섯 개의 원자로 이루어져 있다. 즉, 한 개의 나트륨(Na) 원자, 한 개의 질소(N) 원자, 그리고 세 개의 산소(O) 원자로 이루어져 있다.

6. 분자의 원자는 공유된 전자들로 이루어져 있는 화학적인 결합으로 서로 연결되어 있다. 분자의 원자가 전자를 동등하게 공유하고 있지 않으면, 분자 내에 작은 전하가 발생되어 극성 분자가 된다. 실험 4.2에서는 물 분자의 수소원자에 작은 양의 전하가 빗의 음의 전하를 끌어당겼다. 그래서 물줄기가 빗 쪽으로 휘어지게 된 것이다.

7. 어떤 액체에 어떤 물질을 용해시키면 용액을 만들었다고 말한다. 어떤 용액을 만들 때에는 용매를 사용하여 용질을 용해시킨다. 예를 들어 물에 설탕을 용해시키면 물이 용매이고, 설탕은 용질이며, 설탕물은 용액이다.

8. 일반적으로 극성이거나 이온성인 용질은 극성 용매에서만 용해될 수 있다. 무극성 용질은 무극성 용매에만 용해될 수 있다. 용매의 분자가 용질의 분자(또는 이온)를 끌어당기기 때문에 용매에 용질이 분해되는 것이다.

9. 물 분자에서는 분자 한 개의 양전하가 다른 음의 전하를 끌어당긴다. 물의 경우, 많은 다른 분자들이 존재하기 때문에 한 개의 분자에 있는 수소의 양전하가 다른 분자에 있는 산소의 음전하와 가능한 한 가까이 있을 수 있도록 자신을 배열하려고 한다. 이로 말미암아 수소결합이 일어나고, 이로 말미암아 물 분자는 서로 매우 가까이 있을 수 있게 된다. 실제로 물과 화학적으로 유사한 대부분의 분자들은 실온에서 기체 상태이다. 그러나 물은 수소결합으로 말미암아 실온에서 액체 상태이다.

10. 고체 상태인 대부분의 물질들은 같은 성분의 액체 상태의 물질에 가라앉는데, 고체 물(얼음)은 액체 물에 뜬다. 이것은 액체 물의 분자가 고체 물에서의 분자보다 더 가까이 있기 때문이다. 이러한 사실로 말미암아 호수는 위쪽부터 아래로 얼어붙는다. 그 결과 깊은 물은 절대로 완전히 얼지 않는다. 표면의 얼음이 아래쪽의 물을 분리시켜주기 때문이다. 이로 말미암아 겨울에도 물 아래의 물고기들(기타 물속의 생물들)이 살아남을 수 있게 되는 것이다.

11. 수소결합으로 말미암아, 각 물 분자는 서로 가까이 있을 수 있도록 강력하게 끌어당기게 된다. 이들이 외력에 노출되어 있을 때에도 마찬가지이다. 이것은 물에 응집력을 주며, 그것은 다시 표면 장력을 발생시키게 된다. 이것은 실험 4.5에서 바늘이 물 위에 떠 있을 수 있게 만드는 현상을 말한다. 이와 같은 현상은 소금쟁이가 물 위를 걸어 다닐 수 있도록 만들어주는 현상이기도 하다. 물의 응집력은 키가 큰 식물의 물관부(목질부)를 통해 물이 위로 이동할 수 있도록 만들어주는 역할도 한다.

12. 물의 응집력이 강력하긴 하지만, 이것은 극복될 수 있다. 예를 들어, 실험 4.6에서 물은 유리에 왁스를 바른 표면에서 '구슬처럼' 된다. 그 이유는 물 분자가 왁스를 이루는 분자보다 서로 더 강력하게 끌어당기고 있기 때문이다. 그러나 왁스를 바르지 않은 유리에서는 물이 '구슬처럼 되지' 않으며, 그 이유는 물 분자가 서로를 끌어당기는 힘보다 유리를 이루는 분자와 끌어당기는 힘이 더 강하기 때문이다.

13. 물에 칼슘이나 마그네슘과 같은 이온이 용해되어 있으면, 이를 경수라고 한다. 이것은 물을 안전하게 마시기 위해 어떤 처리를 하여 만들어진 것이 아니다. 이것은 그 물을 채취한 근원의 결과이다. 경수 연화제는 칼슘과 마그네슘 이온을 나트륨이나 칼륨 이온과 '교환하여' 칼슘과 마그네슘 이온이 우리가 마시고 사용하는 물에 존재하지 않도록 만들어 주는 것이다. 저염분 식이요법을 하는 사람은 물을 연화시키지 않거나, 염화칼륨과 같은 좀 더 비싸고 나트륨이 없는 경수 연화제를 사용한다.

1. 물은 푸른 행성이라고 불리기도 하는 지구의 아주 많은 부분을 차지하고 있다. 지구에 있는 모든 물을 수권이라고 한다. 태양계에 있는 모든 행성들 중에, 지구는 많은 양의 물이 액체 형태로 존재하는 유일한 행성이다. 이것은 지구의 대기권이 알맞은 혼합 기체를 가지고 있고 태양과도 알맞은 거리를 유지하고 있기 때문이다.

2. 지구의 대부분의 물은 바다에 소금물로 포함되어 있다. 지구의 민물 중 대부분은 빙산이나 빙하로 존재하고 있다. 액체 민물의 대부분은 지하수이다. 앞에서 언급한 근원들 말고도, 수권에서 대부분의 물일 근원은 수면(바다가 아님), 토양 수분, 그리고 대기 수분이 있다.

3. 물이 지구의 여러 물의 근원을 지속적으로 순환하는 과정을 물의 순환이라고 한다. 이 과정에서 물은 주로 증발과 증산에 의해 대기로 들어간다. 토양 수분은 보통 증산이나 지하수 흐름으로 말미암아 고갈된다. 대기 중의 수증기는 응결이라는 과정을 통해 구름을 형성할 수 있다. 물이 구름이 된 다음에는 강수에 의해 다시 지구로 떨어질 수 있다. 이 물이 육지에 떨어지고, 표면을 따라 호수나 강, 개울로 흘러들어 가는 것을 지표 유거수이라고 한다.

4. 어떤 혼합물의 증발과 응결로 그 혼합물의 각 성분들을 분리시키는 것을 증류라고 한다. 이 과정으로 말미암아 바다의 물이 호수, 강, 개울과 같은 민물의 근원이 될 수 있는 것이다.

5. 어떤 입자가 어떤 계에 머무는 평균 시간을 체류 시간이라고 한다. 물의 순환에서, 이것은 근원마다 다르다. 예를 들어, 흐르는 강에서 물 분자가 머무는 평균 시간은 호수에서 물 분자가 머무는 시간보다 짧다. 그리고 대기에 물 분자가 머무는 시간은 바다에 물 분자가 머무는 시간보다 훨씬 짧다.

6. 음식에 넣는 소금의 화학명은 염화나트륨이다. 이것이 바다의 대부분을 차지하고 있는 것이며, 화학자들은 광범위하게 '염' 이라는 용어를 사용한다. 즉, 바다에는 다른 염들도 존재한다. 어떤 질량의 물에 용해되어 있는 염의 질량을 염분이라고 한다.

7. 바다에서 물이 없어질 수 있는 유일한 방법은 증발이기 때문에 염은 바다에서 찾을 수 있다. 실험 5.1에서 볼 수 있듯이, 그와 같은 현상이 일어나면 염이 남게 된다. 따라서 바다의 평균 염분은 시간이 지날수록 증가한다. 그럼에도 불구하고 바다의 염분은 다르다. 예를 들어 강물이 바다로 흘러들어오는 부분에서는 염분이 평균 염분보다 낮다. 바다의 평균 염분을 보면 지구의 나이가 수백 년 정도로 훨씬 젊다는 것을 알 수 있다.

8. 소금물은 민물보다 낮은 온도에서 언다. 실제로 얼음에 소금을 넣으면, 얼음이 녹게 되는데, 이것은 소금 분자가 물 분자를 끌어당겨서 다른 물 분자로부터 멀어지기 때문이다. 그러나 온도가 충분히 낮아지면, 소금물도 얼게 된다. 단, 소금과 물은 용액이 얼 때 분리되어, 주로 염수라고 하는 농도가 짙은 소금물을 둘러싸고 있는 고체

상태의 물이 형성된다.

9. 빙산은 민물로 만들어져 있다. 이들은 바다 물이 얼어서 만들어지는 것이 아니다. 극지방 쪽에서는 바다에 있는 물이 얼어서 해빙을 만들게 되지만, 그것은 빙산이 아니다. 실제로, 빙산은 강설에 의한 빙하로 말미암아 만들어지는 것이다. 어떤 지역이 충분히 추워지면, 여름 동안 눈이 완전히 녹지 못하게 된다. 그리고 새로운 눈이 내리면, 기존의 눈이 만년설이라고 부르는 눈으로 쌓이게 된다. 그 눈 덩이가 축적되면 아래쪽으로 미끄러지게 되어 빙하를 형성하게 되는 것이다.

10. 빙하가 움직이면서, 따뜻한 공기를 만나게 되면, 녹기 시작하여 수권에 여러 민물 근원을 제공하게 된다. 그러나 극지방에 있는 빙하는 보통 따뜻한 공기를 만나지 못하고, 바다 위를 떠다니며 빙붕을 형성하게 된다. 빙하의 가장자리가 바다로 가가면 어느 지점에서 얼음이 약해지고 큰 얼음덩이가 빙하로 분리되어 물 위를 떠다니게 되는 것이다. 이러한 과정을 물 아래에 약 90%가 있는 빙산 만드는 빙하분리라고 한다.

11. 토양 수분은 삼투라는 작용으로 토양에 스며들어 흐르게 된다. 이것이 충분히 멀리 흐르게 되면, 물에 완전히 포화되어 있는 토양에 도달하게 된다. 포화된 토양과 포화되지 않은 토양 사이의 경계면은 지하수면이라고 한다. 이 선의 깊이는 때에 따라 달라진다. 예를 들어, 어떤 지역에 비가 아주 많이 오게 되면, 이 선의 깊이는 깊어지고, 비가 거의 오지 않으면, 이 깊이는 낮아진다.

12. 어떤 호수에 소금물 호수라고 할 수 있을 만큼의 염분이 있을 경우에는 그 호수로부터 물을 가져가는 강이 존재하지 않는 경우이다. 그렇게 되면, 물이 증발을 통해서만 없어질 수 있게 된다. 사해는 그러한 호수의 한 예로, 바다의 염분보다 훨씬 더 많은 염분을 가지고 있다.

13. 대기의 물은 습도나 구름의 형태로 존재한다. 구름이 형성되기 위해서는 물이 응결할 수 있는 구름 응결핵이 존재해야 한다. 이러한 응결은 공기가 팽창될 때 공기가 냉각되어 발생하는 것이다. 이 과정의 과학적인 명칭은 단열 냉각이다. 구름의 물은 온도에 따라 액체 상태이거나 고체 상태일 수 있다.

14. 단열 냉각을 대부분의 물질이 가열되면 팽창한다는 사실과 혼동해서는 안 된다. 어떤 물질을 가열한다는 것은, 그 물질에 에너지를 공급하는 것이다. 단열 냉각에서는 공기에 에너지를 공급하지 않고 공기가 팽창되는 것이다.

15. 냉장고는 실온에서 기체인 물질을 사용한다. 냉장고의 압축기가 그 기체를 압축하면 기체가 가열되어 많은 양의 액체를 형성하게 된다. 압축된 다음에, 기체를 시스템의 저압 부분으로 방출하면, 기체가 팽창된다. 이로 말미암아 냉장고의 내용물이 냉각되는 것이다. 응결된 기체가 증발되면서, 시스템을 냉각시키는 것이다. 팽창된 기체를 운반하는 배관은 냉장고의 내부에 있기 때문에, 압축된 기체를 운반하는 배관은 냉장고의 외부에 있다.

16. 안개는 지면에 형성되는 구름이라고 할 수 있다. 이것은 스모그라고 불리기도 하는데, 이 용어는 보통 오염으로 인한 갈색을 띠는 안개를 말하는 것이다. 단, 그러한 갈색을 띠는 안개는 광화학 스모그라고 하는 것이 더 적절하다고 할 수 있다.

17. 오늘날 존재하는 환경 문제 중 하나는 지하수에 발생하는 물의 오염이다. 미국의 거의 50%가 지하수 근원에서 음료수를 공급받는다는 점에서 이것은 인간의 건강에 직접적인 영향을 끼칠 수 있는 문제이다.

단원 ❻ 요약 문제 해답

1. 지구는 일반적으로 다섯 가지의 영역, 즉, 대기권, 수권, 지각, 그리고 맨틀과 핵으로 이루어져 있다. 가장 깊이 있는 영역은 다시 외핵과 내핵으로 나뉜다. 가장 깊이 있는 영역에 대한 것은 음파가 통과하는 것을 관찰하는 것 등, 간접 관찰에 의해 알아낼 수 있다.

2. 지구의 지각은 가장 바깥에 있는 암석층을 말한다. 이것은 모호로비치치 불연속면, 보통 줄여서 Moho라고 부르는 면에 의해 맨틀과 구별된다. 지각보다 아래쪽까지는 절대로 뚫어볼 수 없었다. 지각에는 토양과 작고 단단한 암석 부분과 침전물이라고 하는 물질들도 포함된다. 지구 지각에 있는 대부분의 암석들은 퇴적암이며, 이것은 화학 물질이 시멘트 성분과 서로 반응하여 형성된다. 지각에서 찾아볼 수 있는 다른 암석들로는 화성암(녹은 암석으로 형성됨)과 변성암(강한 압력과 높은 온도로 말미암아 변성된 암석)이 있다.

3. 맨틀은 지각보다 아래에 있는 부분으로, 구텐베르크 불연속면에 의해 외핵과 구별된다. 이 부분의 주요 성분은 규토이다. 맨틀의 더 깊은 곳으로 들어갈수록, 온도가 더 높아진다. 지각과 맨틀의 상단층은 암석권이 형성되어 있고, 이것은 암류권 바로 아래에 있다. 여기에서는 암석이 액체와 고체 중간 물질과 같이 행동하기 때문에, 암석을 유연 암석이라고 부른다.

4. 지진이 발생하면, 이들은 지진파라고 하는 진동을 발생시킨다. 이것은 지구를 통과하여 이동하면서 표면에 닿게 된다. 이들은 지진계라는 도구를 사용하여 감지할 수 있는데, 이는 지구의 내부를 파동이 어떻게 이동하는지 알려주는 도구이다. 과학자들은 이 도구를 사용하여 지구의 맨틀과 핵의 모델을 알아냈으며, 이들의 구성에 대해서도 알아낼 수 있었다.

5. 핵의 주요 성분은 철이다. 외핵에서는 철이 액체 상태로 존재하지만, 내핵에서는 고체 상태이다. 그럼에도 불구하고, 내핵은 외핵보다 더 온도가 높다. 내핵이 고체 상태인 이유는 고압 동결 때문이다. 내핵과 외핵의 경계면

은 레만 불연속면으로 구분된다.

6. 지구의 핵에 있는 전기적 흐름은 지난 170년 동안 감소되고 있는 힘인, 지구의 자기장을 발생시킨다. 그 외에도, 전기적 흐름의 방향은 과거에 몇 차례 반대 방향이 되었다. 자료에 따르면 이와 같은 역전 현상이 아주 짧은 기간 동안 일어났음을 알 수 있다.

7. 지구의 자기장은 태양에서 오는 우주선의 대부분을 빗나가게 만든다. 그러한 보호 기능이 없었다면, 그러한 입자들의 에너지로 말미암아 지구에 생명체가 살아남을 수 없었을 것이다. 지구의 자기장이 너무 약했다면, 이들이 너무 조금 빗나갔을 것이고, 지구의 자기장이 너무 강했다면, 생명체가 살아남을 수 없을 정도로 강한 자기 폭풍이 있었을 것이다. 즉, 지구의 자기장은 생명체가 살아갈 수 있을 정도로 적당한 강도인 것이다.

8. 전기적 흐름의 핵에서 어떻게 발생되는지 설명하는 견해는 기본적으로 두 가지가 있다. 이들은 다이나모 이론과 고속-붕괴 이론이다. 다이나모 이론은 지구가 형성된 지 수억 년이 되었다고 가정하고 있으며, 다른 자료들과 비교했을 때 많은 부분이 성공적이지 못했다. 고속-붕괴 이론은 지구가 형성된 지 수천 년 정도밖에 되지 않았다고 가정하고, 다른 자료들과 비교했을 때 많은 부분이 성공적으로 일치하고 있다. 자료가 입증하고 있음에도 불구하고 대부분의 과학자들이 다이나모 이론을 믿고 있다는 사실은 선입견이 없는 과학자가 없다는 사실을 알려주고 있다. 고속-붕괴 이론은 모든 행성들이 처음에 자기장을 가지고 있었으며, 일부 행성의 자기장은 현재 사라졌다고 설명한다. 다이나모 이론은 어떤 행성에 자기장이 생긴 다음에는 그 강도가 변할 수는 있지만, 완전히 사라질 수는 없다고 설명한다.

9. 판구조 이론에서는 지구의 암석권이 암류권의 유연 암석과 같이 움직이는 몇 개의 '판'으로 이루어져 있다고 설명한다. 이들이 서로 멀어지는 방향으로 이동하면, 마그마가 맨틀에서 분출되어 새로운 지각을 형성하게 된다. 이들이 서로 충돌하면 한 개의 판이 다른 판 아래로 미끄러져 내겨갈 수 있는데, 그러면 한 쪽이 산이 되는 협곡을 형성하게 된다. 이와 같은 일이 발생하면, 지각이 맨틀로 녹으면서 파괴된다. 이들이 서로 충돌하였는데, 다른 판의 아래로 들어가는 일이 발생하지 않았을 경우에는 휘어져서 산을 형성하기도 한다. 이들이 서로 미끄러지는(또는 전단되는) 경우에는 그들의 가장자리가 서로 스치면서 심각한 지진이 발생하게 된다.

10. 지진, 산, 화산과 같은 것은 모두 판구조론을 뒷받침하는 근거가 된다. 바다 아래에 깊은 협곡이 있는 것도, 지구의 그 부분이 서로 멀어지는 방향으로 이동하였다는 이론으로 설명될 수 있다. 따라서 대부분의 지질학자들은 판구조론이 옳은 이론이라고 믿고 있다.

11. 대륙들이 서로 퍼즐 맞추기와 같이 서로 맞는 것처럼 보인다는 사실로 일부 과학자들이 예전에는 모든 대륙이 판게아라고 하는 하나의 큰 초대륙이었다고 주장해왔다. 이 개념을 뒷받침하는 증거들을 보면 여러 대륙의 가장자리 부분이 매우 유사하게 생겼다는 사실과 이들을 서로 맞춰보면 일치하여 판게아라는 초대륙이 형성된다는 사실이 포함되어 있다. 대부분의 과학자들이 판은 항상 천천히 움직이고 있다고 믿고 있긴 하지만, '대변동의 판구조론' 이라고 부르는 이론에서는 아주 짧은 시간동안 초대륙이 분리되는 방법을 설명하기 위해 세계

적인 대변동의 결과를 빠른 판의 움직임의 원인으로 사용하고 있다.

12. 화산 활동이나 암석이 단층을 따라 갑자기 움직이면서 발생하는 지구의 진동을 지진이라고 한다. 단층은 서로에게 상대적으로 움직이고 있던 두 부분의 암석의 경계면이다. 단층이 존재하는 곳에는 지진이 발생할 가능성이 있다.

13. 단층과 관련된 지진에 대해 가장 성공적인 이론은 탄성반발설이라고 할 수 있다. 이 이론에서는 단층에 있는 암석 덩어리가 서로에게 상대적으로 움직일 때에는 서로를 붙잡고 움직이게 되는데, 이로 말미암아 이들은 휘어지게 된다. 결국 암석 덩어리는 서로 분리되고, 이들은 원래의 모습으로 되돌아가게 된다는 것이다.

14. 지진이 시작되는 지점을 지진의 진원이라고 한다. 진원지는 지진의 진원 바로 위에 있는 지구의 표면을 말한다. 지진에 대한 연구를 지진학라고 하는데, 지진학에서는 우리가 감지하기 힘든 진동도 측정할 수 있는 지진계라고 하는 도구를 사용한다. 이 도구로 이들의 강도에 따라 지진을 분류하는 단위인 진도를 사용할 수 있다. 이 단위는 0부터 10까지 있으며, 단위가 하나 올라갈 때마다 지진이 방출하는 에너지는 약 32배 증가한다. 예를 들어, 진도가 5인 지진은 진도가 4인 지진보다 32 배 더 강력한 것이며, 진도가 8인 지진보다는 32,768 (32×32×32) 배 덜 강력한 것이다.

15. 한 암석 덩어리가 올라가고 있고, 다른 암석이 정지해 있거나 내려가고 있는 곳에 단층이 존재하면, 위로 올라가는 암석 덩어리가 단층산맥을 형성하게 된다. 두 개의 움직이는 암석 덩어리가 서로 강한 힘으로 밀고 있으면, 지각이 위-아래로 굽은 무늬를 형성하며 습곡산맥을 형성할 수 있다. 맨틀에서 지각으로 용암이 분출되어 나와서 형성되는 산을 화산이라고 하며, 맨틀에서 나오지는 못한 마그마에 의해 형성된 산을 돔모양산이라고 한다.

단원 ❼ 요약 문제 해답

1. '날씨' 라는 용어는 어떤 특정한 시간에 지구 대기(주로 대류권)의 상태를 말하는 것이다. 반면, 기후라는 용어는 특정한 지역에 날마다 우세하다고 할 수 있는 불변의 상태를 말하는 것이다.

2. 날씨에 영향을 미치는 기본적인 인자는 열에너지, 고르지 않은 열에너지의 분포, 그리고 대기 중의 수증기이다.

3. 기상학자들은 구름을 네 가지 기본적인 그룹으로 나눈다. 그것은 적운(솜털 모양의 구름), 층운(층이 있는 구름), 권운(높은 고도에 희미하게 퍼져 있는 구름), 그리고 렌즈운(렌즈 모양의 구름)이다. 일반적으로 각 종류의 구름은 특정 고도에서 찾을 수 있는데, '고' 라는 접두사를 붙이면 어떤 종류의 구름이 평소보다 높은 곳에 형성

된 것을 말하는 것이다. 일반적으로 권운은 가장 높은 고도에서 형성되고, 층운은 보다 낮은 고도에서 형성된다. '난' 이라는 접두사나 '란' 이라는 접미사를 붙이면 그 구름이 짙다는 것을 나타내는 것이다. 짙은 구름은 일반적으로 강수를 가져올 가능성이 있다.

4. 평소와 다르게 크고 위로 이동하는 바람의 흐름은 대부분의 사람들이 '뇌운' 이라고 부르는 거대한 적란운을 형성할 수 있다. 권운은 액체 물이 아닌 얼음으로 구성되어 있다. 강수를 만드는 층운은 일반적으로 난층운이라고 한다. 일부는 권운같고, 일부는 적운같은 구름은 권적운이라고 부르며, 적운과 같이 모습인데 보통 층운이 형성되는 곳에 생기는 구름을 층적운이라고 한다. 어떤 구름은 깃털 모양의 권운처럼 생겼는데, 층운과 같은 평평한 층이 형성되어 있는 구름도 있는데, 이와 같은 구름은 권층운이라고 한다.

5. 태양에서 지구로 오는 빛을 일사라고하며, 이는 '들어오는 태양의 방사' 의 약자이다. 태양에서 지구까지의 거리와 지구의 자전축 기울기는 어떤 지역이 받게 되는 양에 영향을 미친다. 그 외에도, 구름의 양은 들어오는 태양의 방사 양을 감소시킬 수 있다. 지구는 수학자들이 타원이라고 부르는 타원형의 패턴으로 태양 주위를 돌고 있다. 지구가 원일점에 있을 때에는 태양에서 가장 멀리 있는 것이고, 지구가 근일점에 있을 때에는 태양에 가장 가까이 있는 것이다.

6. 지구의 자전축 기울기 때문에, 지구가 원일점에 있을 때에는 북반구에 광선이 더 직접적으로 비추어지게 된다. 따라서 그 때에는 북반구는 여름이고 남반구는 겨울이다. 근일점에서는 남반구에 광선이 더 직접적으로 비추어진다. 따라서 그 때에는 북반구는 겨울이고, 남반구는 여름이다.

7. 춘분과 추분에서는 두 반구에서의 낮의 길이가 12시간이다. 지구는 추분(남반구에서는 춘분)에서 동지(남반구에서는 하지) 쪽으로 이동하기 때문에, 남반구의 낮의 길이는 12시간보다 짧고, 점점 더 짧아진다. 남반구에서는 낮의 길이가 12시간보다 길며, 점점 더 길어진다. 동지(남반구에서는 하지)에서 춘분(남반구에서는 추분)까지 북반구에서 낮의 길이는 12시간보다 짧고, 점점 더 길어진다. 남반구에서는 낮의 길이가 12시간보다 길고, 점점 더 짧아진다.

8. 예수님은 원래 12월이 아니라 4월에 탄생하셨다. 그럼에도 불구하고, 12월 25일은 탄신일로 축하하는 이유는 선교사들이 태양의 탄신일이라고 생각했던 이교도의 축제일과 연관시키려고 했기 때문이다.

9. 지구를 가로질러 북쪽에서 남쪽으로 잇는 가상의 선을 경도선이라고 하며, 지구를 가로질러 동쪽에서 서쪽으로 잇는 가상의 선을 위도선이라고 한다. 위도는 적도에서 0이며, 적도에서 멀어질수록 올라간다. 경도는 영국의 그리니치를 통과하는 본초 자오선에서 0이다. 경도는 본초 자오선에서 멀어질수록 증가한다.

10. 뜨거운 공기는 상승한다. 이와 같은 현상이 일어나면 낮은 기압의 지역이 생기게 된다. 차가운 공기는 하강한다. 이와 같은 현상이 일어나면, 높은 기압의 지역이 생기게 된다. 이와 같은 현상으로 말미암아 공기는 지구의

차가운 지역에서(극지방 등) 따뜻한 지역으로(적도지방 등) 이동하려고 하면서 바람의 루프를 만들게 된다. 이러한 바람은 지구의 여러 부분에서 다른 속력이 된다는 사실로 비롯되는 코리올리 효과로 말미암아 휘어지게 된다. 그 결과는 극지방에 존재하는 바람인 극편동풍과 중간 위도 부근에 존재하는 바람인 편서풍, 그리고 적도 부근에 존재하는 바람인 무역풍이 생겨난다.

11. 코리올리 효과로 말미암아, 적도에서 정북쪽으로 발사한 미사일은 발사한 곳에서 북동쪽에 있는 목표물에 맞게 되고, 북극에서 정남쪽으로 발사한 미사일은 발사한 곳에서 남서쪽에 있는 목표물에 맞게 된다. 그러나 코리올리 효과는 그렇게 강력하지는 않기 때문에 분지에서 물이 배수되는 방식에는 크게 영향을 끼치지 않는다.

12. 우세하던 바람의 패턴은 국지풍에 의해 쉽게 중단될 수 있다. 그러한 바람의 예로 해변 근처에서는 해풍이 낮에 불게 되고, 밤에는 육풍이 불게 된다.

13. 기단은 비교적 균일한 압력, 온도, 습도를 가지고 있는 공기 덩어리를 말한다. 기단의 세 가지 기본적인 종류에는 북극기단, 한대기단, 그리고 열대기단이 있다. 북극기단은 매우 차갑고 건조하다. 해양성 열대기단은 따뜻하고 습하며 해양성 한대기단은 차갑고 습하다. 대륙성 열대기단은 따뜻하고 건조하며, 대륙성 한대기단은 차갑고(하지만 북극기단처럼 차갑지는 않음) 건조하다.

14. 기상전선은 두 기단 사이의 경계를 말한다. 네 가지 기본적인 종류에는 한랭전선, 온난전선, 정체전선, 폐색전선이 있다.

15. 한랭전선이 이동하게 되면 보통 차가운 기단으로 말미암아 따뜻한 공기가 상승하면서 적란운이 형성된다. 그 지역의 온도는 감소하게 된다. 한랭전선은 일반적으로 뇌우를 포함하는 매우 심각한 날씨를 수반하곤 한다.

16. 온난전선이 이동하게 되면, 따뜻한 공기가 그 지역에 있었던 차가운 공기 위로 상승하게 된다. 그러면 권운이 권층운, 층운, 그리고 난층운이 형성되어 온도는 상승하고 느리고 안정적인 비가 있을 것을 예고하게 된다.

17. 폐색전선은 어떤 한랭전선이 느리게 움직이는 온난전선을 만나면 형성된다. 이들은 보통 느리고 안정적인 비를 내리게 한 뒤 뇌우를 수반하곤 한다.

18. 정체전선은 보통 오랜 시간 동안 날씨가 변하지 않도록 만든다.

단원 ❽ 요약 문제 해답

1. 대기로 증발하는 모든 물은 대부분 강수의 형태로 지구에 다시 떨어지게 된다. 그러나 물은 대기를 떠나 지구에 이슬이나 서리의 형태로 돌아올 수도 있다.

2. 가장 보편적인 형태의 강수는 비이다. 구름에서 비가 형성되는 방식을 설명하는 이론에는 두 가지가 있다. 베르예론 이론은 차가운 구름에서 비가 형성되는 방법에 대해 다루고 있다. 이러한 구름에 있던 얼음 결정이 공기 중에 더 이상 매달려 있을 수 없을 때까지 점점 더 커지게 된다. 그러다가 그 결정이 떨어지면서 더 많은 얼음을 만나서 더 무거워진다. 결국 이 얼음 결정은 너무 커져서 부서지게 되고, 구름 속으로 몇 개의 얼음 결정이 떨어지게 된다. 각 파편들은 수억 개의 얼음 결정이 되어 떨어진다. 이들은 내려오면서 녹아 비가 된다.

3. 기상학자들은 따뜻한 구름에서는 비가 충돌-응집 과정에 의해 형성된다고 생각하고 있다. 이 이론에서는 각 구름이 많은 물방울을 가지고 있다고 본다. 구름에 있던 기류가 이러한 물방울 주위에서 움직이고 있다가 다른 물방울과 충돌하게 된다. 이 물방울들은 서로 합쳐져서 더 큰 물방울을 형성하기도 한다. 그러다가 물방울이 너무 커지게 되면 구름에서 떨어지기 시작한다.

4. 이슬비는 보통 층운에서 형성된다. 진눈깨비는 지면에 닿기 전에 어는 것이나 얼어붙은 비는 그렇지 않으므로 얼어붙은 비와 다르다. 우박은 얼음 결정이나 빗방울이 바람의 상승 돌풍으로 말미암아 다시 구름으로 돌아가서 생기게 된다. 바람이 강하게 불면, 빗방울은 얼고, 얼음 결정은 더 커지게 된다. 바람의 상태에 따라, 얼음 결정은 몇 차례 구름으로 되돌아가게 된다. 결국 얼음 결정이 너무 커져서 그러한 상승 돌풍이 얼음 결정을 다시 구름으로 되돌아 보낼 만큼 강력하지 않게 되면, 지표면으로 떨어지게 된다. 눈은 차가운 구름에서 강수로 출발하게 된다. 구름에서 얼음 결정이 떨어지면서, 이들은 더 많은 수분을 흡수하게 되고, 얼고 더 큰 얼음 결정이 된다.

5. 뇌우는 상승하는 공기의 흐름인, 상승기류에서부터 시작된다. 공기가 상승하면 구름 응결핵에서 물이 응결하고, 구름 응결핵을 가열시켜, 상승하는 공기의 흐름을 더욱 강력하게 만들게 된다. 이것은 뇌우의 적운단계라고 한다. 그러다가 구름에 있던 물방울, 그리고/또는 얼음 결정이 너무 커지면, 비가 되어 떨어지기 시작한다. 이것은 뇌우의 성숙단계이다. 비가 내리면서 아래로 부는 바람을 일으키게 되는데, 이것은 하강기류라고 한다. 이 바람은 폭풍을 일으켰던 상승기류보다 강력하게 되어 결국 그 지역 전체에 하강기류만 존재하게 된다. 이것은 뇌우의 소멸단계이다. 한 개의 뇌우세포는 보통 30분 이상 지속되지 않으나, 여러 개의 세포로 구성된 뇌우의 경우에는 폭우가 오랫동안 지속될 수 있다.

6. 번개는 구름에 있던 전하의 불균형으로 말미암아 전하가 지면에 축적되면서 형성되는 것이다. 지면에 있던 양전하가 구름의 음전하 일부를 끌어당기면서 계단형 선도를 형성한다. 음전하가 가까워지면 양전하를 위로 끌

어올리게 되어 번개의 가장 강력한 부분인 귀환뇌격을 형성하게 된다. 우리가 듣게 되는 천둥은 귀환뇌격에 의해 과열된 공기로 인한 것이다. 이러한 종류의 번개(구름-대-지면 번개)를 번개라고 하며, 구름-대-구름 번개를 하늘에서 발생하는 판번개라고 한다.

7. 토네이도는 뇌우를 형성하는 상승기류로 말미암아 시작된다. 첫 번째 단계는 회오리단계로, 적란운을 형성하는 공기의 상승기류가 다른 방향으로 부는 바람에 의해 더 높은 고도에서 충돌하기 시작한다. 이 바람은 상승기류와 합해지면서 공기가 위 아래로 빙빙 돌면서 깔때기 모양의 공기가 형성되는데, 이를 소용돌이라고 한다. 깔때기 모양의 공기가 지면에 닿으면서 토네이도의 조직단계가 시작된다. 깔때기 모양의 공기가 지면에 닿으면, 파편 등을 깔때기 안으로 빨아들이면서 토네이도가 더 어두워진다. 이것은 토네이도의 성숙단계이다. 토네이도가 가장 파괴적인 단계가 이 단계이다. 그러다가 소용돌이를 붙잡고 있던 힘이 소실되면서 토네이도가 작아지기 시작한다. 이 단계를 수축단계라고 한다. 마침내 토네이도는 더 이상 보이지 않을 정도로 약해지고, 마지막 단계인 소실단계에서 사라지게 된다. 토네이도가 물 위에서 형성되면, 바다회오리가 되는데, 이것은 육지에서 형성되는 토네이도보다는 약하다. 회오리바람은 그 보다 더 약한 것으로 지면과 그 위의 공기 사이에 온도 차이로 형성된다.

8. 태풍은 항상 열대 지방에서 시작되므로, 열대저기압이라고 부르는 것이 더 적절한 표현이다. 태풍은 열대 지방 바다에서 따뜻하고 습한 공기에 의해 공급되는 열대요란으로 시작한다. 회전하던 바람의 속력이 23miles/h에 도달하게 되면, 열대저압부로 '등급이 올라간다.' 이 바람의 속력이 39miles/h에 도달하게 되면, 다시 열대 폭풍우로 '등급이 올라간다.' 마침내 풍속이 74miles/h에 도달하게 되면, 완전한 태풍이 된다. 이것은 풍속에 따라 태풍을 다섯 가지의 등급으로 분류한 것이다. 태풍에서 가장 특별하다고 할 수 있는 특징은 바로 태풍의 눈이며, 북반구에서는 구름이 눈 주위를 시계 반대 방향으로 돌고 있고, 남반구에서는 시계 방향으로 돌고 있다는 점이다. 태풍의 눈은 폭풍우의 중간 부분으로 고요한 부분이다.

9. 레이더('radio detection and ranging' 을 의미함)는 초 당 전자파를 수백 번 내보낸다. 그러한 파동이 물체를 만나게 되면, 그 물체에서 튕겨져 나와 되돌아오면서 그 물체까지의 거리를 알아내게 되는 것이다. 파동이 그 물체까지 이동했다가 되돌아오는 데 걸린 시간이 그 물체까지의 거리를 말하는 것이다. 그 외에도 나간 전자파와 돌아온 전자파 간에 차이점을 사용하면 구름이 얼음 결정(차가운 구름)으로 이루어졌는지, 아니면 물방울(따뜻한 구름)로 이루어졌는지 판단할 수 있다. 도플러 레이더는 기상과 법 시행과 관련하여 잘 알려진 도구이다. 교통경찰은 이 도플러 레이더를 사용하여 자동차 속력을 알아낼 수 있으며, 기상학자들은 풍속과 기단의 속력을 측정하는데 사용한다.

10. 기상 위성은 세계 전 지역에서 지속적으로 데이터를 수집하면서, 날마다 존재하고 있는 기상 전선과 패턴의 정확한 글로벌 사진을 제공해준다. 이들은 지구 온난화가 일어나지 않고 있다는 사실을 증명해주는 강력한 증거를 제공하기도 한다.

11. 기상 데이터는 기상학자들이 전선을 추적하고 대기압을 알아볼 수 있는 일기도에서 요약되기도 한다. 그러한 지도에서 가는 검은색 선을 등압선이라고 하며, 이들은 대기압이 동일한 지역을 나타낸다. 그러한 지도에서 'H'는 고 기압을 나타내며, 'L'은 저 기압을 나타낸다. 등압선이 'L'에서 멀리 있을수록 기압은 높아지는 것이며, 'H'에서 멀리 있을수록 기압이 낮아지는 것이다.

12. 일기도에서 두꺼운 선에 삼각형만 있다면, 그것은 한랭전선을 나타내는 것이며, 삼각형이 향하고 있는 방향은 그 전선이 이동하고 있는 방향을 나타내는 것이다. 두꺼운 선에 타원형만 있다면 그 선은 온난전선을 나타내는 것으로, 타원형이 있는 쪽은 그 전선이 이동하는 방향을 나타내는 것이다. 두꺼운 선에 타원형과 원이 모두 있을 경우에는 폐색전선을 나타내는 것이며, 기호가 있는 쪽은 그 전선이 이동하는 방향을 나타내는 것이다. 두꺼운 선에 한 쪽에는 타원형이, 반대쪽에는 삼각형이 있을 경우에는, 정체전선을 나타내는 것이다.

단원 ❾ 요약 문제 해답

1. 모든 과학은 물리 과학을 기반으로 하고 있다. 따라서 그것을 과학에서 가장 기본이 되는 것이라고 할 수 있다. 역학은 어떤 물질의 운동과 그 물체에 작용하는 힘, 그리고 존재하는 에너지를 분석하고 이해하는 물리학의 한 분야이다.

2. 운동을 공부할 때에는 어떤 위치를 측정하는 점인 기준점을 정해야 한다. 그 점에 상대적으로 어떤 물체의 위치가 변했을 경우, 그 물체는 그 점을 기준으로 운동하고 있다고 말한다. 운동은 기준점에 따라 달라지는 것이기 때문에, 모든 운동은 상대적이다.

3. 속력과 속도의 단위는 거리 단위를 시간 단위로 나눈 것이다. 미터법 단위에서는 속력을 m/s로 나타낸다. 속력은 단순이 어떤 물체가 얼마나 빠르게 이동하는 지를 알려주는 것이지만, 속도는 어떤 물체가 얼마나 빠르게 이동하는 지와 그 물체의 이동 방향도 알려주는 것이다. 따라서 속력은 스칼라량이고, 속도는 벡터량이다. 속력은 다음 공식으로 구할 수 있다.

$$\text{속력} = \frac{\text{이동 거리}}{\text{걸린 시간}}$$

4. 물체들이 같은 방향으로 이동하고 있을 때에는, 이들의 상대 속력은 그들의 각 속력의 차이다. 이들이 다른 방향으로 이동하고 있을 때에는 이들의 상대 속력은 그들 각 속력의 합이다.

5. 어떤 물체의 속도의 시간에 따른 변화율을 가속도라고 한다. 이 양에 대한 단위는 거리 단위를 시간 단위의 제

곱으로 나눈 것이다. 미터법에서는 m/s²로 나타낸다. 이것은 방향 정보를 포함하고 있기 때문에 벡터량이다. 이것은 다음 공식으로 구할 수 있다.

$$가속도 = \frac{최종\ 속도 - 초기\ 속도}{시간}$$

6. 속력이 변하지 않고 있는 물체라도 그 물체의 방향이 변하고 있다면 가속도를 가지고 있을 수 있다. 물리학에서는 '가속도' 라는 용어가 물체의 속도가 변한 것을 의미하는 것이다. 즉, 물체의 속도가 감소하는 것도 속도가 변하는 것이므로, 가속도라는 말을 물체의 속도가 감소하고 있을 때에도 사용할 수 있다. 어떤 물체의 속력이 빨라지는 경우에는 그 물체의 가속도가 속도와 같은 방향이다. 어떤 물체의 속력이 느려지는 경우에는 그 물체의 가속도가 속도와 반대 방향이다.

7. 어떤 물체가 중력의 영향을 받으면서 떨어지고 있을 때 그 물체는 자유낙하한다고 말한다. 그러한 상황에서는 가속도가 미터법에서는 9.8m/s²이고, 영국식 단위로는 32ft/s²이다. 이 가속도는 그 물체의 속성과는 상관없다. 따라서 자유낙하를 할 때에는 깃털이나 볼링공이나 같은 가속도를 가지고 있다.

8. 어떤 물체가 자유낙하를 하고 있는 경우, 그 물체가 떨어진 거리는 다음 공식으로 구할 수 있다.

$$거리 = \frac{1}{2} \times (가속도) \times (시간)^2$$

9. 보통 지표면 근처에서 떨어지는 물체를 자유낙하로 여기고는 있지만, 사실은 공기 저항이 모든 물체의 낙하를 방해하고 있다. 즉, 공기가 존재하는 곳에서는 실제로 자유낙하는 없는 것이다. 그러나 대부분의 물체의 경우 공기 저항의 영향은 무시할 수 있다. 따라서 대부분의 물체가 지표면 근처에서 떨어질 때에는 그 물체가 자유낙하하고 있다고 가정할 수 있다.

10. 오차가 알려져 있는 실험을 수행할 때에는 그 실험을 몇 차례 수행하여 그 값들을 평균을 내면 오차의 영향을 줄일 수 있다.

11. 이 문제에서는 거리와 시간을 알려주고 속력을 구하라고 했다. 그러므로 공식(9.1)을 사용하면 된다. 문제에서 답을 miles/h로 구하라고 했는데 시간 단위가 min으로 주어져 있으므로, 시간 단위를 변환해 주어야 한다.

$$\frac{45\cancel{min}}{1} \times \frac{1h}{60\cancel{min}} = 0.75h$$

이제 속력 공식을 사용하여 풀 수 있다.

$$속력 = \frac{20miles}{0.75h} = 26.7\ \frac{miles}{h}$$

12. 벡터량에는 방향 정보가 포함되어 있고, 스칼라량에는 포함되어 있지 않다. 단위를 보면 그 값이 무엇인지 알 수 있다.

a. 단위(거리 나누기 시간의 제곱)를 보면 가속도임을 알 수 있다. 방향 정보가 있으므로, 이 값은 벡터량이다.

b. 단위(거리 나누기 시간)를 보면 속도나 속력임을 알 수 있다. 방향 정보가 없으므로 스칼라량이며 속력이다.

c. 단위(거리 나누기 시간)를 보면 속도나 속력임을 알 수 있다. 방향 정보가 없으므로 스칼라량이며 속력이다. 천천히 라는 설명이 있지만, 그것이 방향 정보는 아니다.

d. 단위(거리 나누기 시간)를 보면 속도나 속력임을 알 수 있다. 방향 정보가 있으므로 벡터량이며 속도이다.

13. 초기 속도는 0이고, 최종 속도는 동쪽으로 15m/s이다. 시간은 2.1s이다. 이것은 공식(9.2)을 사용하는 단순한 문제다.

$$\text{가속도} = \frac{\text{최종 속도} - \text{초기 속도}}{\text{시간}}$$

$$\text{가속도} = \frac{15\frac{\text{m}}{\text{s}} - 0\frac{\text{m}}{\text{s}}}{2.1\text{s}} = \frac{15\frac{\text{m}}{\text{s}}}{2.1\text{s}} = 7.14\frac{\text{m}}{\text{s}^2}$$

가속도가 양수이므로, 가속도와 속도의 방향이 같은 것이다. 따라서 가속도는 동쪽으로 7.14m/s^2이다.

14. 돌멩이는 자유낙하하고 있으므로, 공식(9.3)을 사용하여 풀면 된다. 문제에서는 답을 m로 구하라고 했으므로 가속도는 9.8m/s^2를 사용해야 한다.

$$\text{거리} = \frac{1}{2} \times (\text{가속도}) \times (\text{시간})^2$$

$$\text{거리} = \frac{1}{2} \times (9.8\frac{\text{m}}{\text{s}^2}) \times (3.8\text{s})^2$$

$$\text{거리} = \frac{1}{2} \times (9.8\frac{\text{m}}{\cancel{\text{s}^2}}) \times (14.44\cancel{\text{s}^2}) = 70.8\text{m}$$

15. 그림에서 볼 수 있듯이, 자동차는 트럭 뒤에 있지만 이들은 같은 방향으로 달리고 있다. 따라서 상대 속도는 이들의 각 속도를 서로 빼서 구하면 된다.

$$\text{상대 속력} = 42\text{miles/h} - 37\text{miles/h} = 5\text{miles/h}$$

자동차가 트럭보다 더 느리게 주행하고 있으므로 트럭은 자동차와 멀어지고 있다. 따라서 상대속도는 서로 멀어지는 방향으로 5miles/h이다.

16. 속도가 변하고 있지 않으므로, 가속도는 0이다. 문제에서 시간을 알려준 것은 헷갈리게 만들기 위한 것이다. 가속도는 속도의 변화라고 했다. 속도가 변하지 않았으므로, 가속도는 없는 것이다.

17. 최종 속도는 0(자동차가 정지했을 때)이고, 초기 속도는 55miles/h이다. 자동차가 정지하는 데에는 3.5초가 걸렸다. 시간 단위가 일치하지 않는다. 문제에서 답을 miles/h^2으로 구하라고 했으므로 s를 hr로 변환해야 한다.

$$\text{거리} = \frac{3.5\cancel{s}}{1} \times \frac{1h}{3600\cancel{s}} = 0.000972h$$

이제 가속도를 구할 수 있다.

$$\text{가속도} = \frac{0\frac{miles}{h} - 55\frac{miles}{h}}{0.000972h} = \frac{-55\frac{miles}{h}}{0.000972h} = -56{,}584\frac{miles}{h^2}$$

음의 부호는 가속도와 속도가 반대 방향이라는 것을 의미한다. 자동차의 속력이 느려지고 있으므로 당연하다. 따라서 가속도는 북쪽으로 56,584miles/h^2이다.

18. 돌멩이는 자유낙하하고 있으므로 공식(9.3)을 사용하여 풀 수 있다. 문제에서 답을 ft로 구하라고 했으므로 가속도로 32ft/s^2를 사용해야 한다.

$$\text{거리} = \frac{1}{2} \times (\text{가속도}) \times (\text{시간})^2$$

$$\text{거리} = \frac{1}{2} \times \left(32\frac{ft}{s^2}\right) \times (2.3s)^2$$

$$\text{거리} = \frac{1}{2} \cdot \left(32\frac{ft}{\cancel{s^2}}\right) \times (5.29\cancel{s^2}) = 84.64ft$$

단원 ⑩ 요약 문제 해답

1. 아이작 뉴턴 경은 운동의 세 가지 법칙을 발견했으며, 중력을 설명하는 이론을 만들고, 유명한 프리즘 실험을 통해 흰색 빛이 여러 가지 색으로 이루어져 있다는 사실을 밝혔으며, 과학적인 연구를 위해 현재 '미적분' 이라고 부르는 새로운 수학을 개발했다. 그는 과학을 공부하는 시간만큼 성경에 대해서도 많은 시간 연구한 매우 독실한 종교인이었다.

2. 뉴턴의 세 가지 운동의 법칙은 다음과 같다.
   I. 뉴턴의 운동 제1법칙 - 운동하는(또는 정지하고 있는) 물체는 외부의 힘에 영향을 받지 않으면 계속해서 운동하려고(또는 정지하려고) 한다.
   II. 뉴턴의 운동 제2법칙 - 어떤 물체가 하나 이상의 외력에 의해 영향을 받았을 때 총힘은 그 물체의 질량과 그 힘에 의한 가속도의 곱과 같다.

III. 뉴턴의 운동 제3법칙 - 모든 작용에 대해서 항상 방향이 반대이고 크기가 같은 반작용이 따른다.

3. 어떤 물체의 속도가 변하는 것을 저지하려는 성질을 관성이라고 한다. 비행기에서 폭탄을 투하했을 때, 폭탄은 비행기가 떨어뜨린 위치 바로 아래로 떨어지지 않는다. 폭탄은 비행기가 폭탄을 투하했을 때 이동하던 방향으로 계속 움직이려고 하는데, 이는 뉴턴의 운동 제1법칙 때문이다. 따라서 폭탄은 목표물 위에 도달하기 전에 투하해야 한다.

4. 아리스토텔레스가 운동을 설명할 때 많은 실수를 했던 이유는 두 표면이 접촉할 때 발생하여 운동을 저지하는 힘인 마찰력의 존재를 알지 못했기 때문이다. 이 힘은 원자 범위에서 보면 모든 표면은 거칠다고 할 수 있다는 점에서 존재하는 것이다. 이것은 분자가 서로 얼마나 가까워질 수 있는 지에 영향을 미치며, 그것은 분자가 서로 얼마나 강하게 끌어당길 수 있는 지에 영향을 미친다. 이들이 서로를 더 끌어당길수록 마찰력은 더 강해진다. 운동이 시작된 다음에 이 힘이 운동을 저지하는 것을 운동 마찰이라고 하고, 운동의 시작을 저지하는 힘을 정지 마찰이라고 한다. 이 두 힘 중, 정지 마찰이 운동 마찰보다 더 강하다.

5. 힘은 어떤 물체의 속도를 바꾸기 위해서 그 물체에 가해지는 밀거나 당기는 힘을 말한다. 이 힘은 다음 공식으로 구할 수 있다.

$$총힘=(질량)\cdot(가속도)$$

힘의 단위는 질량 단위 곱하기 거리 단위, 나누기 시간 단위의 제곱이다. 힘의 표준 단위는 $\frac{kg \cdot m}{s^2}$이며, '뉴턴(N)' 이라고 부르기도 한다.

6. 어떤 물체에 여러 힘이 작용하는 경우, 같은 방향의 힘은 더하고, 반대 방향의 힘은 뺀다. 마찰력은 항상 운동을 저지하고 있으므로, 마찰력은 운동을 일으키는 힘에서 빼야 한다.

7. 총을 쏘면, 그 반동이 되돌아온다. 이러한 '반동' 은 뉴턴의 운동 제3법칙에 따른 것이다. 방아쇠를 당기면, 약실에 어떤 화학 반응이 일어나게 된다. 그 반응은 많은 양의 열과 기체를 발생시킨다. 그 기체는 압력을 받으며 총탄에 힘을 가하여 놀라운 속도로 총탄을 밀어내게 된다. 그에 대한 응답으로 총탄은 총 안의 기체를 뒤로 미는 것이다.

8. 뉴턴의 운동 제2법칙에 따라 총힘을 구할 수 있다.

$$총힘=(질량)\cdot(가속도)$$

$$총힘=(25kg)\cdot(34.5\ \frac{m}{s^2})$$

$$총힘=862.5N$$

마찰을 무시하기로 했으므로, 이것이 유일한 힘이며, 답이다. 따라서 힘은 서쪽으로 862.5N이다.

9. 속도가 일정하므로, 가속도는 0이다. 가속도는 속도의 변화를 말해주는 것인데 속도의 변화가 없으므로 가속도는 0인 것이다.

$$총힘=(질량)\cdot(가속도)$$

$$총힘=(15kg)\cdot(0\frac{m}{s^2})$$

$$총힘=0N$$

마찰을 무시하기로 했으므로, 이것이 유일한 힘이며, 답이다.

10. 속도가 일정하므로, 가속도는 0이다. 뉴턴의 제 2법칙(위와 같이)에 따라, 물체에 가해지는 총힘도 0이 된다. 그러나 이 경우에는 물체에 가해지는 힘이 두 개 있었고, 그 둘은 반대 방향이었다. 물체에 가해지는 힘과 마찰력이 존재하는 것이다. 두 힘은 서로 반대 방향이므로, 서로 빼야 한다. 총힘은 0이므로 다음과 같다.

$$가해진\ 힘-마찰력=0$$

물체가 움직이고 있다고 했으므로 운동 마찰력을 사용해야 하며, 그것은 15N이다. 따라서 다음과 같다.

$$가해진\ 힘-15N=0$$

따라서 가해진 힘은 15N이 되어야 한다. 물체가 북쪽으로 이동하고 있다고 했으므로, 그것이 가해지는 힘의 방향이다. 즉, 가해진 힘은 <u>북쪽으로 15N</u>이다.

11. 물체가 움직이게 하기 위해서 필요한 힘이 정지 마찰력이므로, 정지 마찰력은 40N이다. 그러나 물체가 움직인 다음에는 30N의 힘만 가하면 $0.1m/s^2$로 가속한다고 했다. 질량과 가속도를 알고 있으므로, 총힘을 구할 수 있다.

$$총힘=(질량)\cdot(가속도)$$

$$총힘=(65kg)\cdot(0.1\frac{m}{s^2})$$

$$총힘=6.5N$$

여기에 작용하는 힘은 두 개가 있다. 가해진 힘(30N)과 운동 마찰력이다. 이 두 힘의 방향은 반대이므로, 서로 빼야 한다.

$$30N-운동\ 마찰력=6.5N$$

따라서 운동 마찰력은 23.5N이어야 한다. 운동을 저지하는 힘이므로, 운동 방향과 반대 방향이다. 즉, 운동 마찰력은 <u>동쪽으로 23.5N</u>이다.

12. 물체를 움직이게 만들려면 정지 마찰력을 이길 수 있어야 하므로, 45N이 약간 넘는 힘을 가해야 한다. 물체가 움직인 다음에는 운동 마찰력이 작용한다. 질량과 가속도를 사용하면 총힘을 구할 수 있다.

$$총힘=(질량)\cdot(가속도)$$

$$총힘=(95kg)\cdot(0.5\ \frac{m}{s^2})$$

$$총힘=47.5N$$

이 힘은 가해진 힘과 운동 마찰력의 차이이다.

$$가해진\ 힘-22N=47.5N$$

따라서 가해진 힘은 69.5N이 되어야 한다. 운동의 방향은 남쪽이므로, 답은 남쪽으로 69.5N이다.

13. 여기에 작용하는 힘은 네 개가 있다. 이들을 서로 합해야 총힘이 된다. 먼저 총힘을 구해보자.

$$총힘=(질량)\cdot(가속도)$$

$$총힘=(50kg)\cdot(0.1\ \frac{m}{s^2})$$

$$총힘=5N$$

물체에 작용하는 네 개의 힘 중 세 개를 알고 있다. 이들 중 두 개는 가속도 방향으로(동쪽으로 35N, 동쪽으로 45N) 작용하지만 다른 하나는 반대 방향으로 작용하고 있다. 그리고 마찰력도 반대의 방향이다. 마찰력과 서쪽으로 10N의 힘은 반대 방향인 것이다. 마찰력과 10N을 다른 두 힘에서 빼면 총힘이 된다.

$$35N + 45N - 10N - 운동\ 마찰력 = 5N$$

$$70N - 운동\ 마찰력 = 5N$$

운동 마찰력은 65N이 되어야 한다. 운동 마찰력은 운동을 저지하고 있으므로, 서쪽으로 65N이다.

14. 정지 마찰력은 75N이다. 상자를 움직인 다음에 근로자는 일정한 속도로 서쪽으로 상자를 움직였다. 이것은 가속도가 0이라는 것을 의미하며, 상자에 가해지는 힘이 0임을 의미한다. 따라서 가해진 힘(45N)과 운동 마찰력 사이의 차이가 0이 되어야 한다.

$$45N-운동\ 마찰력 = 0N$$

따라서 운동 마찰력은 운동을 저지하는 방향인, 서쪽으로 45N이 되어야 한다.

15. 바위에 가해지는 총힘은 질량과 가속도를 곱하여 구할 수 있다.

$$총힘=(질량)\cdot(가속도)$$

$$총힘=(800kg)\cdot(0.1\ \frac{m}{s^2})$$

$$총힘=80N$$

이 힘은 두 사람의 힘과 마찰력에 의한 것이다. 두 사람은 같은 방향으로 밀고 있으므로, 이들의 힘은 합하고 운동 마찰력은 빼야 한다.

$$200N + 150N - 운동\ 마찰력 = 80N$$

$$350N - 운동\ 마찰력 = 80N$$

따라서 운동 마찰력은 남쪽으로 270N이 되어야 한다.

단원 ⓫ 요약 문제 해답

1. 이 세상에 존재하는 네 가지 기본적인 힘 중 가장 약한 것은 인력으로, 이것은 항상 끌어당기는 힘이다. 대전된 입자들 사이에는 전자기력이 존재한다. 약력은 원자의 특정 방사능 작용에 의한 것이다. 물리학자들은 전자기력과 약력을 같은 힘의 다른 측면으로 보고 있다. 따라서 과학자들은 이 힘을 전자기약력이라고 부르기도 한다. 강력은 원자의 중심(핵)을 유지시키는 역할을 하는 힘이다. 이 힘은 강력하지만 범위가 매우 좁다.

2. 뉴턴의 만유인력 법칙의 세 가지 기본 법칙을 기술하시오.
   I. 질량이 있는 모든 물체는 인력에 의해 서로 끌어당긴다.
   II. 두 질량 간의 인력은 각 물체의 질량에 정비례한다.
   III. 두 질량 간의 인력은 그 두 물체 사이의 거리의 제곱에 반비례한다.

3. 인력이 약한 힘이긴 하지만, 물체 중 하나라도 큰 질량을 가지고 있으면 상당히 커질 수 있다. 게다가 두 물체에 의해 서로 가해지는 인력은 동일하다. 즉, 지구가 어떤 공에 인력을 가하고 있기 때문에 공은 지구로 끌어당겨진다. 이와 동시에, 공은 지구에 크기는 같고, 반향은 반대인 힘을 가하고 있다.

4. 구심력은 어떤 물체가 원운동을 하는데 필요한 힘이며, 항상 물체의 속도에 수직인 방향, 즉 원의 중심을 향하고 있다. 원 운동을 하는 물체의 방향은 계속해서 변하기 때문에, 속력이 일정하다고 하더라도 가속도가 있는 것이다. 원심력은 실제 존재하는 힘이 아니다. 그것은 뉴턴의 운동 제1법칙의 결과에 의한 것일 뿐이다.

5. 원운동을 하고 있는 물체에 가해지던 구심력이 갑자기 사라지면, 물체는 힘이 사라진 순간에 이동하고 있던 방향으로 직진으로 이동하기 시작한다. 구심력은 세 가지 기본적인 법칙으로 요약할 수 있다.
   I. 원운동을 하려면 구심력이 필요하다.
   II. 구심력이 커질수록 어떤 크기의 원을 그리는 물체의 운동이 빨라진다.
   III. 어떤 속력에서, 구심력이 커질수록 원은 더 작아진다.

6. 행성과 그들의 달을 우리가 태양계라고 부르는 정돈된 배열로 유지시키는 역할을 한다. 태양의 중력은 행성에 구심력을 가하여, 이들이 태양 주위를 거의 원형을 그리며 돌도록 만든다. 태양에 가장 가까이 있는 행성은 수성이며, 그로부터 차례대로, 금성, 지구, 화성이 있다. 그다음에는 태양계에서 소행성이 가장 많이 집중되어 있

는 곳이 있는데, 이 부분을 소행성대라고 부른다. 그다음에는 목성, 토성, 천왕성, 해왕성이 있다. 일반적으로, 태양계의 행성들은 두 그룹으로 나뉘는데, 내행성(수성, 금성, 지구, 화성)과 외행성(목성, 토성, 천왕성, 해왕성)이 그것이다. 모든 행성들 중에, 금성은 대기권 때문에 가장 뜨거운 행성이다. 명왕성은 한 때 행성이라고 불렸으나, 지금은 왜행성이라고 부른다. 그것은 보다 큰 에리스라는 이름의 카이퍼 띠 오브젝트(KBO)를 발견했을 때 강등되었다.

7. 어떤 물체가 어떤 행성 주위를 돌고 있을 때, 그 물체를 그 행성의 위성이라고 부른다. 수성과 금성을 제외한 모든 행성에는 적어도 하나 이상의 자연적인 위성이 존재하며, 대부분 하나 이상을 가지고 있다. 그 외에, 토성, 천왕성, 목성, 해왕성은 행성 고리를 가지고 있으며, 이들 중 가장 특징적인 것은 토성이다. 이들은 실제로 암석, 얼음, 결빙 기체의 작은 덩어리로 이루어져 있다.

8. 어떤 행성의 운동이 변동되는 것을 섭동이라고 하며 이에 대해 깊은 연구가 이루어지면서 행성 해왕성이 발견되었다. 이것이 소행성에 일어나게 되면, 표준 궤도를 이탈하여 지구 쪽으로 던져질수록 있다. 이들이 지구의 궤도에 도달하게 되면 이를 유성체라고 부른다. 이들이 지구의 대기를 만나면 하늘에 백열의 밝은 광선을 그리게 되는데, 이를 유성이라고 한다. 강렬한 열은 지구로 떨어지는 몇 개의 작은 조각들을 제외하고 유성을 분해하게 되는데, 이러한 조각들을 운석이라고 한다.

9. 혜성은 대부분 티끌 먼지나 먼지 덩어리, 얼음으로 이루어져 있기 때문에 일부 과학자들은 혜성을 '지저분한 눈덩어리' 라고 부르기도 한다. 어떤 혜성이 태양에 가까워지면, 혜성의 고체 부분을 핵이라고 부르며, 혜성 주위에 있는 '희미한' 대기를 코마라고 부른다. 이것은 밤하늘에 길고 백열하는 꼬리를 형성하게 된다. 단주기 혜성은 보통 태양으로부터 해성 목성보다 멀리 가지 않으며 한 바퀴를 도는 데 200년 이상 걸리지 않는다. 장주기 혜성은 보통 해성 해왕성 이후로 궤도가 연장되어 있으며, 한 바퀴를 도는데 200년 이상 걸린다. 카이퍼 띠에는 혜성의 속성을 가지고 있고, 단주기 혜성의 근원이 되는 것으로 보여지는 많은 것들이 포함되어 있다. 그러나 그 관점에도 문제점은 있다. 태양계가 형성된 지 수억 년 되었을 것이라고 믿는 많은 과학자들이 그 존재도 입증되지 않은 '오르트 구름' 을 장주기 혜성의 근원으로 믿고 있기 때문이다.

10. 인력의 존재 이유에 대해 설명하는 이론에는 크게 두 가지, 일반상대성이론과 중력자 이론이 있다. 일반상대성이론에서는 중력이란 질량이 공간과 시간을 휘어지게 만듦으로써 발생된다고 설명한다. 반면 중력자 이론에서는 중력이란 질량이 있는 물체가 중력자라고 부르는 입자를 교환함으로써 발생된다고 설명한다. 대부분의 과학자들은 일반상대성이론이 더 정당하다고 믿고 있다. 그 이론은 입증하는 직접적인 증거가 있기 때문이다.

11. 그리스에서는 모든 행성(태양도 포함)이 지구 주위를 돌고 있다고 생각했다. 이것은 태양계를 지구 중심설로 바라본 것이다. 시간이 지남에 따라, 이 관점과 일치하지 않는 사실들이 관찰되기 시작했고, 과학자들(코페르니쿠스 등)은 행성들이 태양 주위를 돌고 있다는 태양 중심설을 제안하게 되었다.

12. 달라진 점은 물체 사이의 거리가 2배가 되었다는 것뿐이다. 물체 사이의 거리가 증가하면 인력은 감소한다. 인력은 증가한 거리의 제곱만큼 감소하게 된다. 거리는 두 배가 되었으므로, 힘은 $2^2 = 4$로 나누어야 한다. 따라서 새로운 인력은 기존 인력보다 4배 더 작아질 것이다.

13. 인력은 질량에 비례한다. 질량이 바뀐 것으로 보면, 질량 1은 2배($2 \times 5 = 10$)가 되었고, 질량 2는 3배($2 \times 3 = 6$)가 되었다. 질량이 증가한 만큼 힘도 증가한다. 따라서 힘은 질량 1이 변했을 때 두 배, 질량 2가 변했을 때 3배가 된다. 즉 새로운 힘은 이전의 힘보다 $2 \times 3 = 6$ 배만큼 강해진다.

14. 인력은 질량에 비례한다. 질량을 곱했다면, 그만큼 힘도 곱해주면 된다. 이 경우 질량 1은 2배가 되었고, 질량 2는 8배가 되었다. 따라서 힘에도 2를 곱하고 8을 곱하면 된다. 즉 총 16을 곱하면 된다. 그러나 거리도 변했다. 거리는 4배만큼 멀어졌다. 인력은 멀어진 거리의 제곱만큼 감소한다. 즉 거리가 4배가 되었다면, 힘은 $4^2 = 16$으로 나눈 값이 되는 것이다. 따라서 새로운 힘을 16으로 나누어야 한다. 질량 변화로 말미암아 힘에 16을 곱하고, 거리 변화로 말미암아 다시 16으로 나누어야 하므로, 새로운 인력은 이전의 인력과 동일할 것이다.

단원 ⓬ 요약 문제 해답

1. 제임스 클락 맥스웰이라는 천재 덕분에 우리는 대전된 입자들 사이의 힘과 전자기력이라고 하는 자석 사이의 힘이 같은 힘의 양면이라는 사실을 알게 되었다. 뉴턴과 마찬가지로, 맥스웰도 하나님을 섬기는 하나의 수단으로 과학을 연구했다.

2. 전자기력의 세 가지 기본 법칙은 다음과 같다.
   I. 모든 전하는 서로 끌어당기거나 밀어낸다. 같은 전하는 밀어내고, 반대 전하는 끌어당긴다.
   II. 대전된 물체 사이의 힘은 각 물체의 전하 크기에 정비례한다.
   III. 대전된 물체 사이의 힘은 두 물체 사이의 거리의 제곱에 반비례한다.

3. 전자기력은 인력보다 훨씬 강하다. 이것은 광자라고 부르는 빛의 작은 '패키지'를 교환함으로써 발생된다. 어떤 입자에 전하가 더 많이 있을수록, 더 많은 광자를 교환할 수 있다. 이것은 대전된 입자 사이의 전자기력이 입자의 전하와 정비례하는 이유를 설명해준다. 어떤 사람에게 무작위로 공을 던질 경우, 그 사람을 맞출 확률은 그 사람과의 거리의 제곱에 반비례한다는 것이다. 따라서 대전된 입자가 광자를 교환하는 능력도 그들 사이의 거리의 제곱에 반비례하는 것이다.

4. 원자 한 개에는 전자(음전하)가 있는 만큼 양성자(양전하)가 존재한다. 그로 말미암아 원자는 전기적으로 중성

을 띠고 있다. 어떤 원자가 전자를 하나 잃으면 순 양전하가 되며, 이를 양 이온이라고 부른다. 어떤 원자가 전자를 하나 얻으면, 순 음전하가 되며, 이를 음 이온이라고 부른다.

5. 어떤 물체를 이미 전하를 띠고 있는 물체와 접촉시켜 대전시키는 경우, 이를 전도에 의한 대전이라고 한다. 이것은 대전시킬 물체를 원래의 물체와 같은 종류의 전하(음 또는 양)로 대전시킨다. 어떤 물체를 그 물체와 전하 사이를 직접적으로 접촉시키지 않고 대전시키는 경우에는 이를 유도에 의한 대전이라고 하며, 새롭게 대전되는 물체는 원래의 전하와 반대 전하를 띠게 된다.

6. 건전지는 전하를 저장하고 있다. 건전지의 한쪽은 전자의 근원이어서 음극으로 보며, 다른 한 쪽은 전자가 가려는 곳으로 양극으로 본다. 건전지의 양쪽 극을 금속으로 서로 연결시키면, 전자가 금속을 통해 음극에서 양극으로 흐르게 된다. 건전지의 전압은 건전지가 한 쪽에서 다른 한 쪽으로 얼마나 강하게 전자를 '밀 수 있는 지' 를 말해주는 것이다.

7. 전기 회로에서 어떤 고정된 점을 지나는 전하의 양을 그 회로의 전류라고 한다. 그것은 보통 암페어로 측정하며, 이것은 줄여서 'amps' 또는 'A' 라고 쓴다. 어떤 회로의 전류(amps)와 전압(volt)은 그 회로가 얼마나 강력한지 알기 위해 필요하다.

8. 건전지의 양극에서 음극으로 흐르는 전류를 약정 전류라고 부른다. 이것은 잘못된 것이지만, 회로도에서 전류를 그리는 방식이다. 전하의 흐름을 방해하는 물질의 능력을 그 물질의 저항이라고 하며, 이것은 회로를 통과하여 흐르는 전하의 에너지를 열과 때로는 빛으로 변환한다. 금속의 종류, 금속의 너비, 그리고 그 금속의 길이는 모두 저항에 영향을 미친다. 금속이 길수록, 저항은 더 강하고, 금속이 더 넓을수록, 저항은 더 약하다.

9. 같은 수의 전자가 토스터에서 나와서 토스터로 다시 들어갔다. 그러나 토스터는 무언가를 사용하고 있다. 그것은 에너지를 사용하고 있다. 전자가 회로를 통과하여 흐를 때 이들이 만나게 되는 충돌은 전자기력에 의해 생성된 에너지를 열로 변환하는 것이다.

10. 전원의 양쪽이 완전히 연결되어 있지 않은 회로를 개방 회로라고 한다. 개방 회로에서는 전류가 흐르지 못한다. 이것이 스위치의 원리이다. 스위치를 'Off' 에 두면 회로가 개방되어, 전류가 흐르지 못하게 된다. 스위치를 'On' 에 두면 연결이 이루어져서 전류가 흐르기 시작한다.

11. 전구가 어떤 회로에 직렬로 연결되어 있으면 한 개의 전구가 불이 나가면 다른 모든 전구들도 불이 나가게 된다. 전구를 회로에 병렬로 인결하면, 한 개 이상의 전구가 불이 나가도 다른 전구들은 계속 켜져 있을 수 있다.

12. 모든 자력은 대전된 입자에 의해 발생되는 것이다. 대부분의 물질의 원자는 정렬되어 있지 않으므로, 그 물체의 전자는 무작위로 움직이고 있다. 그러한 운동에 의해 발생되는 각각의 자기장이 다른 자기장들과 상쇄되어

버리고, 그 결과 자성은 생기지 않는 것이다. 그러나 특정 조건 하에서는 어떤 물질이 전자가 같은 일반적인 운동을 하도록 정렬되는 경우가 있다. 그렇게 되면 자석이 되는 것이다.

13. 모든 자석은 남극과 북극, 두 개의 극을 가지고 있다. 반대 극은 서로 끌어당기고, 같은 극은 서로 밀어낸다. 모든 자석은 두 개의 극을 가지고 있기 때문에, 이들을 이중극이라고 부르기도 한다. 자석의 강도는 물질의 원자 중 몇 %가 정렬되어 있는지에 따라 달라진다. %가 높을수록 자석의 극은 더 강해진다.

14. 힘은 전하에 비례한다. 전하가 두 배가 되었으므로 힘도 두 배가 된다. 이 경우 두 전하가 모두 두 배가 되었으므로, 힘은 두 배에 또 다시 두 배가 되어 총 4배가 된다. 그러나 거리도 변했다. 거리는 4배가 되었다. 물체 사이의 거리가 멀어지면 힘은 감소한다. 증가한 거리의 제곱만큼 힘은 감소한다. 거리는 4배가 되었으므로, 힘은 $4^2 = 16$으로 나누어야 한다. 전하가 바뀌어서 힘이 4배가 되었고, 거리가 변하여 힘을 16으로 나누어야 하므로, 새로운 힘은 이전의 힘에 비해 4/16, 1/4만큼이 되었다.(4배만큼 작아졌다.)

15. 힘은 전하에 비례한다. 전하가 반이 되었으므로, 힘도 반이 된다. 힘은 2로 나눈 다음 다시 2로 나누어, 총 4로 나눈 것과 같아진다. 그러나 거리도 변했다. 거리는 2로 나뉜 값이 되었다. 물체 사이의 거리가 가까워지면 힘은 강해진다. 가까워진 거리의 제곱만큼 힘은 강해진다. 거리가 2로 나뉘어졌으므로, 힘은 $2^2=4$를 곱해야 한다. 새로운 힘에 4를 곱해야 하는 것이다. 전하의 양이 줄어서 힘을 4로 나누어야 하는데, 거리가 가까워져서 다시 힘에 4를 곱해야 하므로, 새로운 힘은 이전의 힘과 같다.

16. 약정 전류는 양극에서 음극으로 흐른다.

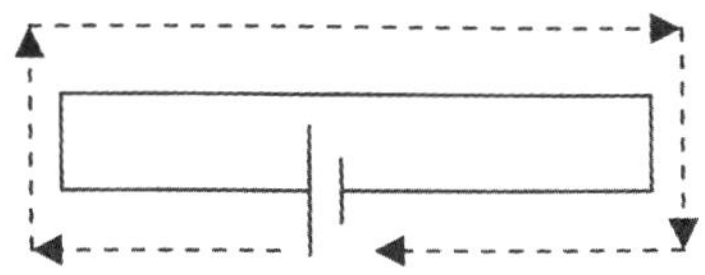

실제 전자는 음극에서 양극으로 흐른다.

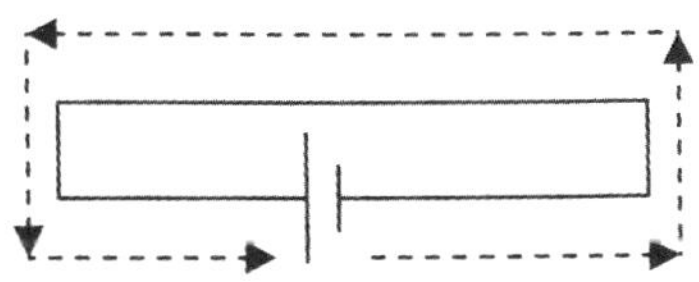

17. 어떤 회로가 개방이면 전류가 흐를 수 없다. 따라서 (a)에는 전류가 없다. 그러나 스위치가 병렬로 연결되어 있다면 건전지 두 극 사이가 완전히 연결되어 있지 않아도 전류가 흐를 회로의 일부분에 흐를 수 있다. 따라서 (b)와 (c)에는 전류가 존재한다.

a. 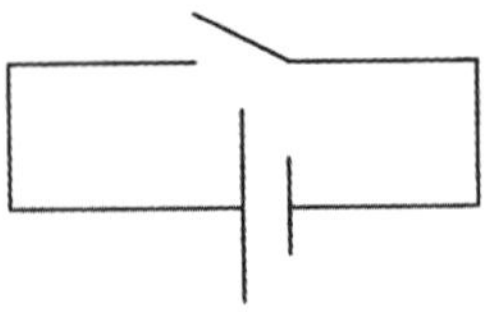

b. 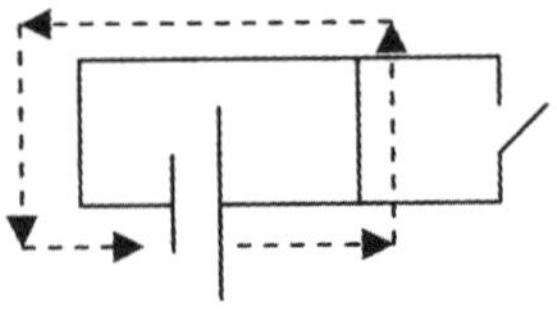

c. 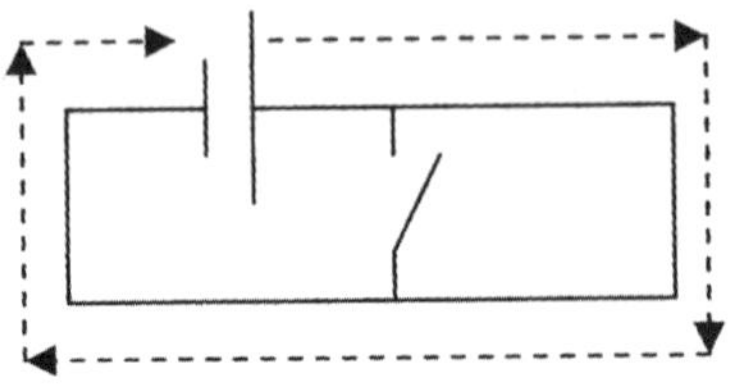

단원 ⓭ 요약 문제 해답

1. 원자는 양성자, 중성자, 전자로 이루어져 있다. 전자는 가장 작으면서 세 가지 중 가장 질량이 작다. 또한 음의 전하도 가지고 있다. 양성자는 그 보다 무거운 것으로 전자보다 약 2,000배(약1840배 정도) 이상 더 무거우며 양의 전하를 가지고 있다. 중성자는 셋 중 가장 무거운 것으로 양성자보다 약간 더 무겁다. 여기에는 전하가 없다. 중성자는 스스로는 안정적이지 못하다. 이것이 원자의 핵에 없는 경우에는, 양성자, 전자, 그리고 반중성미자로 붕괴될 것이다.

2. 모델은 알려져 있는 속성을 설명하는 시스템을 그림으로 설명해주는 것이다. 원자의 보어 모델에서는 핵이라는 원자의 중심부에 양성자와 중성자가 함께 붙어 있다. 전자는 태양계의 행성들이 태양 주위를 도는 것과 같이 핵 주위를 돌고 있다. 이 모델이 부분적으로 잘못된 점이 있긴 하지만, 학생들이 원자에 대해 처음 배울 때 처음으로 익히게 되는 모델이다. 더 올바른 모델은 양성자-역학 모델이지만, 이것은 너무 복잡하기 때문에 바로 이해하기 힘들다. 이러한 모델에도 불구하고, 원자(따라서 모든 물질)는 거의 대부분이 빈 공간이라고 한다.

3. 원자의 가장 중요한 특징 중 하나는 원자번호라고 하는 양성자의 개수이다. 이것은 그 원자의 종류를 알려주는 것이다. 원자는 양성자의 개수와 전자의 개수가 같으므로, 원자번호를 보면 그 원자가 가진 전자의 개수도 알 수 있다. 질량수는 핵에 있는 중성자와 양성자 개수의 합이므로, 양성자의 개수와 질량수를 알면 핵에 몇 개의 중성자가 있는지 알아낼 수 있다.

4. 같은 개수의 양성자를 가지고 있는 모든 원자들의 집합을 '원소'라고 한다. 주기율표에서 어떤 원소의 화학 기호는 보통 그 원소의 영문 이름이나 라틴어 이름에서 따 온 한 개, 또는 두 개의 문자로 되어 있다. 주기율표를 보면 산소(O)의 원자번호가 8임을 알 수 있다. 이것은 산소에 8개의 전자와 8개의 양성자가 있다는 것을 의미한다. ^{18}O 원자에는 10개의 중성자가 있고, ^{16}O에는 8개의 중성자가 있다. ^{16}O와 ^{18}O 모두 양성자의 개수는 같으나 중성자의 개수는 다르므로, 이들은 동위원소라고 할 수 있다. 이와 마찬가지로, ^{40}Ar, ^{40}Ca, ^{41}K, ^{41}Ca, ^{45}Sc, ^{42}Ca 중에서 동위원소는 ^{40}Ca, ^{41}Ca, ^{42}Ca이다.

5. 보어 모델에 따라 ^{31}P 그리면, 15개의 양성자와 16개의 중성자가 있는 핵을 그리는 것부터 시작해야 한다. 핵과 가장 가까운 궤도에는 2개의 전자를 넣을 수 있고, 그다음 궤도에는 8개의 전자를 넣을 수 있으며, 그다음 궤도에는 5개의 전자를 넣을 수 있다. 이와 마찬가지 방법으로, ^{84}Sr의 보어 모델에는 핵에 38개의 양성자와 46개의 중성자가 있다. 첫 번째 보어 궤도에는 2개의 전자, 그다음 궤도에는 8개의 전자, 그다음 궤도에는 18 개의 전자, 그다음 궤도에는 10개의 전자를 넣는다.

6. 양성자는 양전하를 띠고 있으므로 서로 밀어내고 있어야 하는데도, 실험을 통해 이들은 핵 안에서 서로 붙어 있다는 것이 밝혀졌다. 이것으로 과학자들은 아주 짧은 거리에서는 끌어당기는 핵력이 존재하고 있으며, 그것은 양성자 사이의 밀어내는 전자기력을 이길 정도로 강한 힘이라는 결론을 냈다. 유카와 히데키는 파이온이라고 하는 작은 입자의 교환이 그러한 힘을 설명할 수 있다고 밝혔으며, 이들의 대략적인 질량을 예측하기도 했다. 그러한 질량을 가진 수명이 짧은 입자의 감지로 말미암아 그 힘의 존재가 확인되었다.

7. 파이온은 아주 짧은 시간 동안만 존재할 수 있기 때문에 핵력은 범위가 매우 좁은 힘이라고 할 수 있다. 즉, 두 개의 양성자(또는 양성자 한 개와 중성자 한 개)가 서로 파이온을 교환하려면 아주 빠른 시간 내에 이루어져야 한다는 것이다. 핵력은 실제로 강력의 한 표시이므로, 쿼크 사이에는 글루온의 교환이 이루어지고 있다. 이것으로 양성자와 중성자가 존재할 수 있는 것이다.

8. 약력은 방사능을 발생시킨다. 안정적이지 않은 핵을 가지고 있는 원자를 방사성 동위원소라고 한다. 불안정한 핵이 붕괴할 수 있는 세 가지 방법은 베타 붕괴(양성자 한 개가 중성자 한 개, 전자, 반중성미자로 바뀜)와 알파 붕괴(핵이 ^{4}He 핵을 방출함), 그리고 감마 붕괴(에너지가 높은 에너지를 가지고 있는 광자의 형태로 방출됨)이다.

9. '3중 수소(^{3}H)' 로 알려져 있는 수소 동위원소는 베타 붕괴를 한다. 딸핵종은 ^{3}He이다. 동위원소 ^{32}P가 베타 붕괴를 하면, 딸핵종은 ^{32}S가 된다. ^{133}Xe가 베타 붕괴를 하면 딸핵종은 ^{133}Cs가 된다. 각 경우 베타 입자(전자)와 반중성미자도 생성된다.

10. ^{238}U가 알파 붕괴를 하고 나면 딸핵종은 ^{234}Th가 된다. ^{222}Rn이 알파 붕괴를 하면 딸핵종이 ^{218}Po가 생성된다. ^{210}Po가 알파 붕괴를 하면 딸핵종은 ^{206}Pb가 된다. 각 경우 ^{4}He 핵도 생성된다.

11. ^{60}Co의 베타 붕괴 이후 ^{60}Ni가 생성되었을 때 에너지를 초과하여 갖게 되었다. ^{60}Ni는 방사능 붕괴로 그 초과한 에너지를 제거하였는데, 여전히 ^{60}Ni가 된다. 따라서 이것은 감마 붕괴에 의해 붕괴된 것이다.

12. 방사성 동위원소의 반감기는 원래의 샘플이 붕괴하여 질량이 반이 되기까지 걸리는 시간을 말한다. 예를 들어, ^{239}Np의 반감기는 2일이다. ^{239}Np가 처음에 1,000g이 있었다면, 2일이 지나면 500g이 되고, 4일이 지나면 250g이 된다. 10일이 지나면 31.25g이 남게 된다. 20일이 지나면 0.977g이 남게 된다.

13. 방사성 동위원소의 샘플이 완전히 사라질 수는 없다고 하더라도 어느 시점이 되면 무시할 수 있을 정도로 소량만 남게 될 것이다. 방사능 샘플을 충분히 오랫동안 가지고 있으면, 실제적으로는 방사성을 잃게 될 것이다.

14. 방사성 연대 결정법은 과학자들이 방사능 붕괴를 사용하여 어떤 물체가 얼마나 오래된 것인지를 알아내는 방법이다. 예를 들어, 탄소를 사용하는 연대 결정법에서는 ^{14}C의 반감기가 5,700년이라는 사실을 사용한다. 살아있는 모든 유기체는 환경과 끊임없이 ^{14}C를 교환하고 있기 때문에, 유기체가 살아있을 때에는 대기가 가지고 있는 양과 같은 양의 ^{14}C를 포함하고 있다. 그러나 유기체가 죽으면 교환 작용이 중단되기 때문에, ^{14}C의 양은 방사능 붕괴의 결과로 감소하기 시작한다. 따라서 유기체가 죽었을 때 대기에 얼마나 많은 양의 ^{14}C가 있었는지를 알면 죽은 유기체의 ^{14}C와 그것이 죽었을 때 대기에 있던 양의 차이를 비교하여 그 유기체가 죽은 지 얼마나 되었는지를 알아낼 수 있는 것이다. 그 차이는 방사능 붕괴의 결과로 인한 것으로 알려져 있는 반감기를 사용하면 그 유기체가 죽었을 때부터 경과한 시간을 알아낼 수 있는 것이다.

15. 탄소 연대 결정법의 중요한 문제점은 유기체가 죽었을 때 그 유기체에 있던 ^{14}C의 을 알아내는 것이다. 과학자들은 특정 해에 대기에 있던 ^{14}C의 양을 알아내는데 나무의 나이테를 사용하는데, 그것은 유기체가 죽었을 때 유기체에 있던 ^{14}C의 양에 대해 좋은 가정을 만들 수 있기 때문이다. 그러나 이러한 방식으로 분석한 가장 오래된 나무는 3,000년 된 것으로, 탄소 연대 결정법은 나이가 3,000년 이하인 것에서만 신뢰할 수 있다고 할 수 있다.

16. 다른 방사성 연대 결정법은 유사한 가정을 사용하고 있으며, 여러 방사성 연대 결정법이 다른 것과 서로 상충한다는 사실이나 일반적으로 수용되고 있는 연대와 일치하지 않는다는 사실로부터 가정이 잘못된 것임을 알 수 있다.

단원 ⑭ 요약 문제 해답

1. 파동에는 마루(파동에서 가장 높은 점)와 골(파동에서 가장 낮은 점)이 있다. 마루 사이의 거리(또는 골 사이의 거리)는 파동의 파장이라고 부르며, 이것은 그리스 문자, 로 쓴다. 파동의 높이를 진폭이라고 한다. 파동의 주파수는 매 초마다 어떤 특정한 점을 몇 개의 파동이 지나게 되는지를 나타내는 것이다.

2. 주파수와 파장은 다음 공식으로 서로 관련될 수 있다.

$$f = \frac{v}{\lambda}$$

3. 파동이 발생할 수 있는 형태는 기본적으로 두 가지가 있다. 횡파는 진동의 방향에 수직으로 전파되는 방향의 파동을 말한다. 종파는 진동의 방향에 평행으로 전파되는 방향의 파동을 말한다. 종파에는 압착되는 부분인 밀과 늘어나는 부분인 소가 있다.

4. 음파는 일반적으로 공기를 진동시키는 종파이다. 이러한 파동이 귀의 고막에 도달하게 되면 고막이 진동한다. 그러한 진동이 뇌에 전달되면 뇌는 그것을 소리로 해석한다.

5. 공기 중에서의 음속은 그 공기의 온도에 따라 달라진다. 그것은 다음 공식으로 나타낼 수 있다.

$$v=(331.5+0.6 \cdot T)\frac{m}{s}$$

광속은 음속보다 훨씬 더 빠르기 때문에, 멀리서 일어나는 현상이 있을 경우, 소리를 듣기 전에 보게 된다. 소리는 기체에서보다 액체에서 더 빠르게 전달되며 액체에서보다 고체에서 더 빠르게 전달된다.

6. 어떤 매개체에서 어떤 물체가 그 매개체에서의 음속보다 빠르게 이동하는 경우, 그 물체가 초음속으로 이동하고 있다고 말한다. 일반적으로 그러한 속력을 표시하기 위해 마하 수를 사용한다. 예를 들어, 마하 3으로 비행하고 있는 로켓은 음속의 세 배 속력으로 비행하고 있다는 것을 의미한다. 어떤 물체가 소리보다 빠르게 이동함으로 말미암아 발생하는 소리를 충격 음파라고 한다.

7. 음파의 피치는 주로 그 음파의 주파수에 따라 달라지는 반면, 크기는 주로 진폭에 의해 결정된다. 예를 들어 한 가수가 낮은 음을 부르고 있을 때에는 그가 생성하는 음파는 낮은 주파수를 가지고 있다. 그 가수가 높은 음을 부르면 그가 생성하는 음파는 높은 주파수를 가지고 있는 것이다. 가수가 조용히 노래를 부르고 있을 때에는 음파가 작은 진폭을 가지고 있으며, 가수가 크게 노래를 부를 경우에는 음파가 큰 진폭을 가지고 있는 것이다.

8. 인간의 귀로 감지할 수 있는 주파수의 종파를 음파라고 한다. 인간의 귀가 감지할 수 있는 주파수보다 높은 주파수를 가지는 파동을 초고주파라고 하며, 인간의 귀가 감지할 수 있는 주파수보다 낮은 주파수를 가지는 파동을 초저주파라고 한다.

9. 자동차가 옆을 지나갈 때 자동차 경적의 소리가 변하는 것은 도플러 효과의 결과이다. 이 효과는 어떤 소리의 근원이 움직이고 있을 때, 그 근원 앞에서 파동이 서로 뭉쳐서 근원이 정지해 있을 때 듣게 되는 주파수보다 높은 주파수의 파동을 형성하게 되어 발생하는 것이다. 반면 움직이는 근원 뒤에 있는 파동은 펼쳐지면서, 소리의 근원이 정지해 있을 때 듣게 되는 주파수보다 낮은 주파수의 파동을 형성하게 된다.

10. 벨 단위는 음파의 강도를 측정한 것으로, 이것은 진폭에 의해 결정된다. 이 단위가 한 단계 올라가면 음파의 강도가 10의 인수만큼 상승하는 것과 같다. 따라서 7벨로 측정한 음파는 4벨로 측정한 음파보다 1,000배가 더 강한 것이다. 이 단위와 관련되는 보다 일반적인 측정 단위로 데시벨이 있다. 1벨은 10데시벨이다. 따라서 80데시벨로 측정된 소리는 8벨의 강도를 가지고 있는 것이다.

11. 지구의 내부를 탐구하는데 사용하는 음파는 보통 초저주파이며, 인간 신체 내부에서 거리나 이미지를 알아내는데 사용되는 음파는 보통 초고주파이다. 그러한 파동의 또 다른 용도로는 음파 탐지기가 있는데, 이것은 군

사나 박쥐 같은 동물이 사용하는 기술이다. 그러나 우리가 아무리 노력해도 박쥐의 음파 탐지기는 인간의 과학과 기술이 만든 것보다 훨씬 더 정교하다.

12. 이를 풀기 위해서는 다음 주파수 공식을 사용해야 한다.

$$f = \frac{v}{\lambda}$$

$$f = \frac{5\frac{\cancel{m}}{s}}{1.5\cancel{m}} = 3.333\frac{1}{s}$$

따라서 주파수는 3.333Hz이다.

13. 이를 풀기 위해서는 다음 주파수 공식을 사용해야 한다.

$$f = \frac{v}{\lambda}$$

$$f = \frac{150\frac{\cancel{m}}{s}}{0.15\cancel{m}} = 1{,}000\frac{1}{s}$$

따라서 주파수는 1,000Hz이다.

14. 이 문제는 공식(14.2)을 사용하여 풀 수 있다.

$$v = (331.5 + 0.6 \cdot T)\frac{m}{s}$$

$$v = (331.5 + 0.6 \cdot 22)\frac{m}{s}$$

$$v = (331.5 + 13.2)\frac{m}{s} = \underline{344.7\frac{m}{s}}$$

15. 빛은 너무 빠르게 움직이므로, 번개가 발생한 그 순간에 번개를 보았다고 가정할 수 있다. 시간 지연은 번개가 발생한 지점에서부터 소리가 이동하는데 걸린 시간이다. 먼저 음속을 구해야 한다. 공식(14.2)을 사용하면 풀 수 있다.

$$v = (331.5 + 0.6 \cdot T)\frac{m}{s}$$

$$v = (331.5 + 0.6 \cdot 11)\frac{m}{s}$$

$$v=(331.5+6.6)\frac{m}{s}=338.1\frac{m}{s}$$

속력과 시간을 알고 있으므로, 거리를 구할 수 있다.

$$\text{이동 거리}=(\text{속력})\times(\text{걸린 시간})$$

$$\text{이동 거리}=(338.1\frac{m}{s})\times(2.3s)=\underline{777.63m}$$

16. 이 문제는 위와 같이 풀 수 있다.

$$v=(331.5+0.6\cdot T)\frac{m}{s}$$

$$v=(331.5+0.6\cdot 18)\frac{m}{s}$$

$$v=(331.5+10.8)\frac{m}{s}=342.3\frac{m}{s}$$

속력과 시간을 알고 있으므로, 거리를 구할 수 있다.

$$\text{이동 거리}=(\text{속력})\times(\text{걸린 시간})$$

$$\text{이동 거리}=(342.3\frac{m}{s})\times(1.3s)=\underline{444.99m}$$

17. 이 문제를 풀려면 먼저 값을 벨로 변환해야 한다.

$$\frac{20\cancel{dB}}{1}\times\frac{1B}{10\cancel{dB}}=2B$$

$$\frac{60\cancel{dB}}{1}\times\frac{1B}{10\cancel{dB}}=6B$$

벨 단위가 한 단계 올라가면 강도가 10의 인수만큼 올라가는 것이다. 2와 6 사이에는 4단계의 벨 단위가 있으므로, 10을 네 번 곱해야 한다. 10×10×10×10 = 10,000. 따라서 음속은 처음보다 <u>10,000</u>배 더 강하다.

18. 벨 단위가 한 단계 올라가면 강도가 10의 인수만큼 올라가는 것이다. 증폭기는 1000만큼 증폭시킬 수 있으므로 강도는 10×10×10이 된다. 따라서 세 단계의 벨이 증가한 것이다. 소리는 다음과 같다.

$$\frac{30\cancel{dB}}{1}\times\frac{1B}{10\cancel{dB}}=3B$$

처음 소리는 6벨이다. 답을 구하려면 이것을 다시 데시벨로 변환해야 한다.

$$\frac{6\cancel{B}}{1}\times\frac{10dB}{1\cancel{B}}=\underline{60dB}$$

단원 ⑮ 요약 문제 해답

1. 빛의 입자설은 광선이 모두 같은 방향으로 이동하는 입자와 같이 행동한다고 설명한다. 파동설은 빛을 파동으로 본다. 현대 과학자들은 빛이 이중성을 가지고 있어서 입자와 파동 모두의 성질을 가지고 있다고 생각하고 있다. 양성자-역학 이론에서는 빛을 기본적으로 작은 파동 다발로 보고 있다.

2. 제임스 클락 맥스웰 덕분에 광파는 진동하는 전장과 그 전장에 수직으로 진동하는 자장으로 이루어진 횡파로 여겨진다. 그로 말미암아 광파는 보통 전자기파라고 불린다.

3. 빛의 속력은 온도에 따라 달라지지 않고, 빛이 지나는 성분에 따라 달라진다. 빛은 공기 중에서보다 액체 속에서 더 천천히 이동하며, 액체에서보다 고체에서 더 천천히 이동한다. 아인슈타인의 특수상대성이론에서는 진공에서의 빛의 속력은 질량을 가지고 있는 모든 물체가 낼 수 있는 최고 속력이라고 설명하고 있다.

4. 가시광선의 파장은 색을 결정한다. 무지개에는 7가지의 기본적인 색이 있는데, 파장이 길어지는 순서대로 나열하면, 보라색, 남색, 파란색, 초록색, 노란색, 주황색, 빨간색이다. 우리가 눈으로 볼 수 있는 빛은 빛의 가시 스펙트럼 부분이고, 이 세상에서 모든 전자기파가 있는 부분은 전자기 스펙트럼 부분이다.

5. 자외선, X-선, 감마선은 가시광선보다 짧은 파장을 가지고 있다. 이들은 살아 있는 조직을 죽일 수 있을 만큼 강력한 에너지를 가지고 있지만, 용도를 가지고 있다. 적외선, 극초단파, 텔레비전 파동, 전파는 모두 가시광선보다 긴 파장을 가지고 있다.

6. 빛이 어떤 장애물에 튕겨져 나오는 것을 반사라고 한다. 이러한 현상이 발생할 경우, 입사각은 반사각과 같게 된다. 거울에 반사되는 빛을 눈이 감지하여, 눈의 전기적 자극을 받은 뇌가 빛을 뒤쪽으로 연장시켜 거울 뒤에 영상을 만들기 때문에, 거울에 영상이 나타나는 것이다. 물론 이 영상은 가상의 영상이다. 이것은 뇌가 빛을 직선으로 이동하는 것처럼 해석하였기 때문에 나타나는 것이다.

7. 어떤 파동이 장애물을 만나면, 속력이 변하면서 휘어지게 된다. 이러한 현상이 발생하는 것을 파동이 굴절한다고 말한다. 빛이 더 느리게 이동하게 되는 물질로 들어가게 되면 광선은 빛이 만나는 표면에 수직인 선 쪽으로 휘어진다. 빛이 더 빠르게 이동할 수 있는 물질로 들어가게 되면 광선은 빛이 만나는 표면에 수직인 선에서 멀어지는 쪽으로 휘어진다. 물 아래에 있는 물체를 보면 그것이 실제 위치와 다른 위치에 있는 것처럼 보이곤 한다. 이것은 광선이 물에서 눈으로 올 때 굴절되었기 때문이다.

8. 흰색 빛이 공기 중의 물방울과 만나면, 일부는 반사되고, 일부는 물방물 속으로 굴절된다. 굴절되는 양은 그 빛의 파장에 따라 달라지기 때문에 흰색 빛이 여러 가지 색으로 분리된다. 굴절된 빛이 물방울 속을 이동하면서 물방울의 다른 면에도 만나게 된다. 빛의 일부분은 물방울에서 굴절되지만, 일부분은 반사된다. 반사된 빛은 물

방울의 다른 면으로 이동하고, 또 다시 일부는 반사되고 일부는 굴절된다. 굴절된 부분은 더 많이 분리되는 파장을 가지게 된다. 굴절의 양이 빛의 파장에 따라 달라지기 때문이다. 이렇게 두 번의 굴절이 일어나면서, 빛은 여러 개의 색으로 분리되는 것이다. 무지개를 잘 볼 수 있으려면 공기 중에 물방울이 있어야 하며 태양이 여러분 뒤에서 물방울을 비추고 있어야 한다.

9. 어떤 렌즈가 수평으로 이동하는 광선을 한 개의 점(초점)으로 모으면 그 렌즈를 볼록 렌즈라고 한다. 그러한 렌즈를 볼록한 모양을 가지고 있다. 어떤 렌즈가 수평으로 이동하는 광선을 더 멀어지는 방향으로 이동하도록 만들면 그 렌즈를 오목 렌즈라고 한다. 그러한 렌즈는 오목한 모양을 가지고 있다.

10. 하나님이 만드신 모든 만물 가운에 볼록 렌즈를 가장 멋지게 사용하고 있는 것은 바로 눈이다. 눈은 각막이라고 하는 얇고 투명한 물질로 덮여 있다. 빛은 홍채에 의해 열려지는 부분인 동공을 통해 눈으로 들어온다. 밝은 빛이 있으면, 홍채가 닫혀 눈으로 들어오는 빛의 양을 줄인다. 빛이 거의 없으면 홍채가 넓게 열려 눈으로 들어오는 빛의 양을 증가시킨다. 빛이 동공으로 들어오면 볼록 렌즈 작용에 의해 빛이 한 곳에 모여진다. 그 빛은 망막에 모이게 된다. 망막은 간상체와 추상체라고 하는 빛에 민감한 세포로 이루어져 있다. 이러한 세포들이 빛을 감지하면, 전기적 메시지를 시신경을 거쳐 뇌로 보내고 뇌는 그 메시지를 해석하여 영상을 만들어내는 것이다.

11. 망막에 빛이 모이게 하기 위해서 눈의 렌즈는 모양을 바꾼다. 이것은 모양체근이 담당하는 부분이다. 모양체근은 렌즈를 압착하거나 팽창시켜서 렌즈의 초점을 바꾼다. 아직 인간의 과학 기술로는 인간의 눈에 있는 것보다 더 정교한 렌즈를 만들어낼 수 없다.

12. 근시안일 경우에는 눈이 모양체근을 사용하여 가까이 있는 물체의 영상이 망막에 생길 수 있을 정도로 렌즈를 바꿀 수 있게 된다. 그러나 물체가 멀리 있으면, 렌즈의 초점이 영상을 망막에 놓을 만큼 바뀌지 못한다. 그 결과 빛은 망막 앞에서 초점을 맞추게 되어 영상이 흐리게 보이는 것이다. 빛이 너무 많이 굴절되는 것이므로 오목 렌즈를 사용하여 이 문제를 해결할 수 있다. 원시안일 경우에는 눈의 렌즈가 멀리 있는 물체에 맞게 조정될 수는 있는데, 가까이 있는 물체의 초점을 맞추지 못한다. 이것은 눈이 빛을 너무 약하게 굴절시켰기 때문이다. 볼록 렌즈를 사용하면 이 문제를 해결할 수 있다.

13. 망마에 있는 추상체는 우리가 보고 있는 빛의 색을 감지하는데 사용된다. 어떤 추상체 세포는 낮은 주파수의 가시광선(빨간색 빛)에만 민감하며, 어떤 것은 중간 주파수의 빛(초록색 빛)에만 민감하며, 또 다른 것은 높은 수파수의 빛(파란색 빛)에만 민감하다.

14. 가법원색은 빨간색, 파란색, 초록색이다. 텔레비전의 화면과 컴퓨터 모니터는 이러한 색들을 섞어서 무리가 보게 되는 모든 색을 만들어낸다. 예를 들어, 빨간색과 초록색을 섞으면 노란색이 되고, 파란색과 빨간색을 섞으면 자주색이 된다.

15. 가법원색을 섞으면 우리가 보는 색을 만들 수 있는 반면, 감법원색은 물감이나 페인트 용으로 사용된다. 이 세 가지 색은 청록색, 자주색, 노란색이다. 같은 양의 노란색과 자주색 물감을 섞으면 빨간색이 된다. 같은 양의 청록색과 노란색을 섞으면 초록색 물감이 된다.

16. 물체에서 우리가 보는 색은 그 물체에서 반사된 빛의 파장이 눈에 도달한 결과이다. 예를 들어, 셔츠의 색을 내는 염료는 감법원색을 사용하여 셔츠에서 어떤 파장을 반사시키고, 눈에 도달하도록 만들 것인지 결정한다. 그 결과 파란색 셔츠를 어두운 방에 넣고 자주색 빛을 비추면 셔츠는 자주색으로 보이게 된다. 그 이유는 파란색 염료가 청록색과 자주색 빛을 반사시키기 때문이다. 어두운 방에서 파란색 셔츠에 노란색 빛을 비추면 셔츠는 검은색으로 보이게 될 것이다.

단원 ⑯ 요약 문제 해답

1. 태양은 수계열 별 중에 하나이긴 하지만, 태양을 우수에 있는 다른 별들과 비교해 보면 매우 특별하다는 것을 말해주는 몇 가지 사실을 알 수 있다. 우주에 있는 대부분의 별들은 별들이 서로를 공전하고 있는 다중성 시스템으로 존재하고 있다. 이로 말미암아 그러한 시스템을 가지고 있는 행성에서는 심각한 온도 변화가 발생하게 되고, 그로 말미암아 그 행성에서 생명체가 살아가지 힘들게 된다. 지구를 태양의 궤도로 빨아들이고 말았을 것이다. 물론 태양보다 작은 별들도 많이 있다. 하지만 지구가 그러한 별들 주위를 공전하고 있었다면, 별에 아주 가까이 가서 생명을 유지하기 위한 에너지를 가져와야 했을 것이다. 별에 너무 가까이 가게 되면 별의 중력에 큰 영향을 받게 되어 생명체가 살 수 없을 정도로 위험해지고 말았을 것이다. 우주의 일반적인 영역에 있는 별들 중에 태양의 질량은 상위 10% 안에 든다. 태양의 질량과, 크기의 조합이 지구에 생명체가 살아갈 수 있도록 완벽하게 만들어주고 있는 것이다.

2. 태양은 기본적으로 수소와 헬륨 기체로 이루어져 있는 거대한 덩어리이다. 우리가 볼 수 있는 태양의 부분을 광구라고 한다. 그 아래에는 대류권이 있고, 그 아래에는 방사층이 있다. 태양의 가장 깊은 곳은 핵으로, 이 곳에서는 수소가 헬륨으로 바뀌는 핵융합 반응이 일어난다. 이러한 반응이 에너지를 생성시키며, 그 에너지는 태양이 방출하는 빛과 열의 원천이 된다.

3. 때로는 광구 표면의 밝기가 갑작스럽고 격렬하게 변동되는 경우가 발생하기도 한다. 이러한 것을 태양 폭발이라고 하는데, 이러한 현상이 일어나면 아주 짧은 시간에 어마어마한 양의 에너지가 지구에 전달되어, 위성, 무선 통신 및 전력 등을 혼란시키게 된다. 태양의 광구 표면이 격렬한 활동이 일어나는 곳이라고는 해도, 우주에 존재하는 비슷한 크기의 다른 별들과 비교해보면 '별 것 아닌 활동들' 이라고 할 수 있다. 태양과 비슷한 크기와

성분을 가지고 있는 한 개의 별은 지금까지 우리가 볼 수 있었던 가장 격렬한 태양 폭발보다도 100배에서 100,000,000배 더 강력한 태양 폭발이 일어난다.

4. 큰 핵이 보다 작은 핵들로 분리되는 것을 핵분열이라고 한다. 이러한 반응은 엄청난 양의 에너지를 발생시키게 되는데, 이것이 핵발전소에서 전기를 만드는 원리이다. 두 개 이상의 작은 핵이 더 큰 핵으로 만들어지는 것을 핵융합이라고 하는데, 이것은 태양이 얻는 에너지의 원천이다.

5. 핵분열 반응이 일어나려면 한 개의 중성자와 큰 핵이 필요하며, 반응 이후에는 두 개 이상의 작은 핵과 여러 개의 중성자가 생성된다. 이러한 현상 때문에, 한 개의 핵반응은 여러 개의 핵 반응을 일으킬 수 있다. 큰 핵이 임계 질량만큼 존재하면, 연쇄 반응이 일어날 수 있게 된다. 큰 핵이 임계 질량보다 훨씬 더 많이 존재하면, 연쇄 반응이 제어되지 않고, 핵폭발을 일으킬 수 있다.

6. 핵발전소는 비교적 저렴하고 오랜 시간동안 지속될 수 있는 반면 위험하다는 문제가 있다. 핵발전소에는 연쇄 반응이 제어되지 않을 정도로 많은 양의 큰 핵이 없으므로, 폭발이 일어날 수는 없다. 그러나 제어 시스템에 문제가 생기면, 1986년 소비에트 사회주의 공화국에 있던 체르노빌 핵발전소에서 발생했던 용해가 발생할 수 있다. 핵분열 반응은 방사능 물질도 생성하며, 이들을 폐기할 수 있는 완벽한 방법은 존재하지 않는다. 핵분열 방식이 위험할 수 있고, 오염을 일으킬 수도 있지만, 다른 형태의 에너지 생산 방법이 더 위험하고 더 많은 오염을 일으키는지는 분명치 않다. 예를 들어, 석탄을 연소시키는 발전소에서는 공기 중에 오염 물질을 쏟아 붓고 있고, 1900년부터 미국의 석탄광에서는 100,000명 이상의 사람들이 사망했다.

7. 별의 분광 문자는 그 별의 온도에 의해 결정된다. 밤하늘에 나타나는 실제 별의 밝기를 별의 시 등급이라고 하고, 별과 지구의 거리를 보정하여 별의 밝기를 나타낸 것을 별의 절대 등급이라고 한다. 별의 절대 등급과 온도를 그래프로 그린 것을 헤르츠스프룽러셀도라고 하며, 이것은 천문학자들이 별을 분류하는데 사용된다.

8. 헤르츠스프룽러셀도에서 주계열 별은 그래프의 왼쪽 상단에서 오른쪽 하단으로 거의 대각선을 따라 있는 별의 띠를 형성하고 있다. 초거성은 낮은 절대 등급과 여러 온도에 걸쳐서 분포되어 있다. 적색 거성은 낮은 온도와 0부터 -5의 절대 등급에서 찾을 수 있다. 백색 왜성은 높은 온도와 높은 절대 등급에서 찾을 수 있다.

9. 주계열 별은 우주에서 가장 일반적인 별이라고 할 수 있다. 주계열 별의 질량이 더 클수록 별의 절대 등급이 더 낮아진다. 백색 왜성은 그다음으로 일반적인 별이라고 할 수 있다. 이들은 작고 그렇게 밝지는 않다. 그러나 이들의 질량은 매우 무겁다. 초거성은 우주에서 가장 큰 별이다. 이들은 매우 밝고 우주에서 흔하지 않은 별이다. 적색 거성은 매우 밝으면서 거대한 별이다. 이들은 핵융합으로 에너지를 생성하나, 그것은 주계열 별에서 일어나는 반응과는 다른 것이다.

10. 절대등급이 변하는 별들을 변광성이라고 부르며, 여기에는 두 가지 주요 종류로, 맥동변광성과 신성이 있다.

신성은 폭발하는 별이며, 이의 가장 극단적인 예가 초신성으로, 이것은 급격하게 팽창하여 어마어마하게 밝아졌다가 영원히 사라져버리는 별이다. 그러한 폭발 이후 남겨진 부스러기들을 성운이라고 한다. 반면, 맥동변광성은 질량을 잃지 않고, 계속해서 팽창했다가 수축하는 별을 말한다. 이로 말미암아 이들의 밝기는 일정하게 변한다. 잘 알려진 맥동변광성 중 하나가 케페우스형 변광성이다. 이것은 패럴랙스 방식으로 알려져 있는 정확한 측정 방법으로 측정하기에는 너무 멀리 있는 우주 거리를 측정할 때 사용될 수 있기 때문에 매우 중요하다. 일식 연성은 이들의 절대 등급이 변하기 때문이 아니라 두 별 중 하나가 우리의 시야를 차단하기 때문에 시등급 밝기가 달라진다.

11. 광년은 빛이 1년 동안 직진으로 이동할 수 있는 거리를 말한다. 빛은 매우 빠르게 이동하기 때문에 이것은 굉장히 긴 거리를 의미한다.

12. 중력장을 통해 서로 상호작용하고 있고, 공통의 중심을 돌고 있는 거대한 별들의 집합체를 은하라고 한다. 은하에는 네 가지 주요 종류로, 나선은하, 타원은하, 렌즈상은하, 그리고 불규칙 은하가 있다.

13. 우리은하인 은하계는 나선형은하이다. 태양은 그 은하의 오리온 팔 내부 가장자리에 있다. 우리 은하는 국부은하군이라고 하는 약 30개의 은하 중 작은 그룹의 일부다. 이 국부 은하군은 처녀자리 성단이라고 알려진 은하 성단의 외부 가장자리에 있다.

14. 멀리 있는 은하에서 들어오는 빛이 예상했던 것보다 더 긴 파장을 가지는 것을 적색편이라고 한다. 한 때 이것은 도플러 효과로 인한 것이라고 생각했었으나, 현재는 우주가 팽창하고 있기 때문인 것으로 여겨지고 있다. 대부분의 천문학자들은 우주가 중심 없이 팽창하고 있다고 생각하고 있다. 그러나 일부 과학자들은 지구의 태양계로 표시되는 중심이 있다고 생각한다. 그것이 사실이라면, 수억 광년이 떨어져 있는 은하에서 오는 빛인 수천 년 만에 지구에 도달할 수 있게 된다.

【 단원 시험지 】· 해답편

단원1 시험지

1. 다음 용어의 정의를 쓰시오.
   a. 원자
   b. 분자
   c. 농도

2. 황은 황 원자로 이루어진 황색 가루이다. 아황산가스는 황 원자를 함유하고 있는 무색의 유독한 기체이다. 아황산가스는 원자와 분자 중 무엇으로 이루어져 있는가?

3. 역사적인 비석들을 살펴보면, 청록색의 작은 조각상을 찾아볼 수 있다. 비문을 읽기 위해 조각상 표면을 문질러보면 청록색의 미세한 가루가 떨어진다. 그 아래에 있던 색은 무엇이었겠는가?

4. 다음 그림 중 원자 다발은 무엇인가? 그리고 분자 다발은 무엇인가?

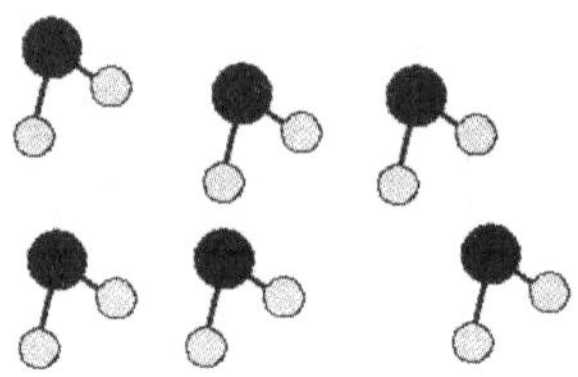
A.

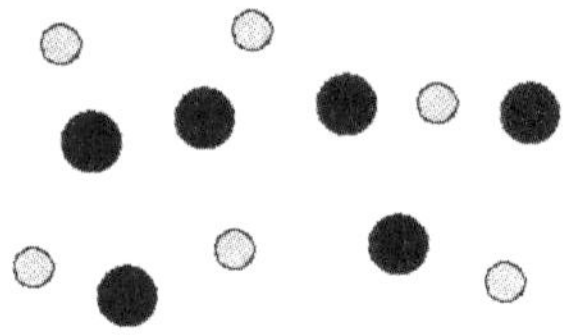
B.

5. 과학자의 노트를 읽고 있다가 '12.3kg' 이라고 쓰여 있는 측정값을 보았다. 이 값은 길이, 질량, 부피 중 무엇을 나타낸 것일까?

6. '1,000' 을 의미하는 미터법 접두사는 무엇인가?

7. 1.6m는 몇 cm인가?

8. 어떤 물체의 부피가 0.12kL이라고 한다. 이 부피는 L로 얼마인가?

9. 어떤 바위의 질량이 45.1kg이다. 이 바위의 질량은 slug로 얼마인가? (1slug=14.59kg)

10. 암모니아는 많은 가정용 세제에서 사용되는 활성성분이다. 2통의 세제를 만들었다고 가정해보자. 첫 번째 통에는 암모니아를 5컵 넣고, 물을 45컵 넣었다. 두 번째 통에는 암모니아를 5컵 넣고 물을 30컵 넣었다. 어떤 통에 있는 세제가 더 강력하겠는가?

단원2 시험지

1. 다음 용어를 정의하시오.
   a. 습도
   b. 절대 습도
   c. 상대 습도
   d. 온실 효과
   e. ppm

2. 물이 더 천천히 증발하고 있을 때에는 습도가 낮을 때인가? 아니면 높을 때인가?

3. 습도가 100%일 때 땀을 흘리면 시원해질 수 있는가?

4. 우리가 들이마시는 공기의 대부분을 이루는 기체는?

5. 우리가 내뱉는 공기의 대부분을 이루는 기체는?

6. 어떤 화학자가 특정 물질이 연소하는 속도를 관찰했다. 이 화학자는 실내의 공기를 사용하는 난로에서 이 물질을 연소했다. 그다음 같은 실험을 반복했는데, 이번에는 공기 혼합이 50%는 산소, 50%는 질소인 방에서 수행했다. 이 물질은 어떤 실험에서 더 빨리 연소되었겠는가?

7. 지구의 공기에서 오존이 중요한 이유는 무엇인가?

8. 건강을 위해는 공기 중의 지표 오존 농도를 감소시켜야 하는가? 아니면 증가시켜야 하는가?

9. 지난 80년 간 지구의 평균 온도가 현저하게 상승하였는가?

10. 1%를 ppm으로 변환하시오.

11. 오늘날 공기 중의 산화질소 농도는 약 0.018ppm이다. %로는 얼마인가?

12. 촉매 변환기를 의무화함으로써 오염 물질의 농도가 감소되었는가?

단원3 시험지

1. 다음 용어를 정의하시오.
   a. 대기
   b. 기압계
   c. 균질권
   d. 비균질권
   e. 제트기류
   f. 열
   g. 온도

※ 아래에 나와 있는 대기의 영역을 보고 2, 3, 5, 6, 8번 문제를 푸시오.

대기 영역 : 외기권, 중간권, 성층권, 열권, 대류권

2. 날씨에 대해 알아보려면 어떤 대기 영역을 연구해야 하는가?

3. 오존층에 대해 알아보려면 어떤 대기 영역을 연구해야 하는가?

4. 공기 샘플이 주로 산소로 이루어져 있다면, 균질권과 비균질권 중 어디서 채취한 것일까?

5. 대기 영역 중 균질권에 속해 있는 것은?

6. 대기 영역 중 비균질권에 속해 있는 것은?

7. 어떤 기압계의 기둥에 공기가 자유롭게 드나들 수 있을 정도로 새는 곳이 있었다. 공기가 기둥에서 새어 나오거나 들어가게 되면, 그 기둥의 액체 높이는 어떻게 되겠는가?

8. 고도가 올라가면 온도가 증가하는 균질권의 영역은?

9. 남극에 주로 존재하는 '오존 구멍' 이 계절적인 현상인 이유는?

10. 우리는 얼음이 열 때문에 녹는다는 것을 알고 있다. 얼음이 열 때문에 언다는 말도 맞는다고 할 수 있는 이유는?

11. 만일 대류권을 통과하면서 공기 중의 분자 속력을 측정할 수 있었다면, 고도가 올라갈수록 분자의 속력이 빨라지겠는가? 느려지겠는가? 동일하겠는가?

단원4 시험지

1. 다음 용어를 정의하시오.

   a. 전기 분해

   b. 극성 분자

   c. 용매

   d. 용질

   e. 응집력

   f. 경수

2. 물의 화학식은 무엇인가?

3. 어떤 금속은 수소가 아닌 산소를 흡수하는 성질이 있기도 하다. 그러한 금속이 실험 4.1과 같은 전기 분해 실험에서 건전지를 둘러싸고 있다고 생각해보자. 이 실험에서 물의 화학식으로 추정할 수 있는 것은 H_2O 나 H_4O 중 어느 것이겠는가?

4. 화학적으로 유사한 다른 물질들은 실온에서 기체 상태인데, 물은 실온에서 액체 상태인 이유는 무엇인가?

5. 이산화탄소(CO_2)는 우리가 호흡을 할 때 내뱉는 기체 중 하나이다. 일산화탄소(CO)는 산소가 별로 없을 때 어떤 물질을 연소함으로써 발생하는 독성 기체이다. CO_2분자 한 개에는 몇 개의 원자가 존재하는가? 그리고 CO 분자 한 개에는 몇 개의 원자가 존재하는가?

6. 휘발유의 주요 구성 성분은 탄소 원자(C)가 8개 있고, 수소 원자(H)가 18개 있는 분자로 이루어진 옥탄이다. 옥탄의 화학식은?

7. 물 분자가 극성인 이유는?

8. 어떤 물질이 물에 용해되지 않는다면, 그 물질은 이온성이겠는가? 극성이겠는가? 아니면 무극성이겠는가?

9. 어떤 물질이 물에 용해된다면, 무극성 물질인 식물성 기름에서도 용해되겠는가?

10. 경수는 도시의 물 처리 과정에 의한 것인가?

단원5 시험지

1. 다음 용어를 정의하시오.
   a. 증산
   b. 응결
   c. 체류시간
   d. 삼투
   e. 단열 냉각

2. 지구의 대부분의 물이 존재하는 곳은 어디인가?

3. 지구에서 액체 민물의 가장 큰 근원은 어디인가?

4. 증산을 거친 다음의 물의 분자는 어떤 물의 근원인가?

5. 물이 바다에 있다가 현재에는 구름에 있다. 이와 같은 현상이 일어나기 위해서 일어나는 두 가지 물의 순환 작용은 무엇인가?

6. 바다와 빠르게 움직이는 증기 중 체류 시간이 더 긴 곳은 어디인가?

7. 어떤 호수에 증발을 제외하고는 물이 없어질 수 있는 방법이 존재하지 않는다면 그 호수에는 소금물이 있겠는가? 아니면 민물이 있겠는가?

8. 바다로부터 지구의 나이에 대해 알 수 있는 것은?

9. 극지방에 어마어마한 양의 바닷물이 얼어붙어있다. 이것이 빙산을 형성하는가? 그 이유는 무엇인가?

10. 빙하를 형성하는 물의 순환 작용은 무엇인가?

11. 온도 변화를 일으켜 대부분의 구름을 형성시키는 응결 현상을 발생시키는 것은 무엇인가?

12. 기체 샘플을 압축한 후 아무 것도 변화시키지 않았다면, 기체의 온도가 어떻게 되겠는가?

13. 어떤 지역에 매우 긴 시간동안 정상보다 훨씬 더 많은 양의 비가 내렸다면, 그 지역의 지하수면의 깊이가 어떻게 되었겠는가?

14. 지하수 오염의 근원을 추적하기가 힘든 이유는 무엇인가?

단원6 시험지

1. 다음 용어를 정의하시오.

a. 퇴적암
b. 유연 암석
c. 단층
d. 진원지(진앙)

2. 다음 그림에 나와 있는 지구의 영역(a-e)을 나열하시오.

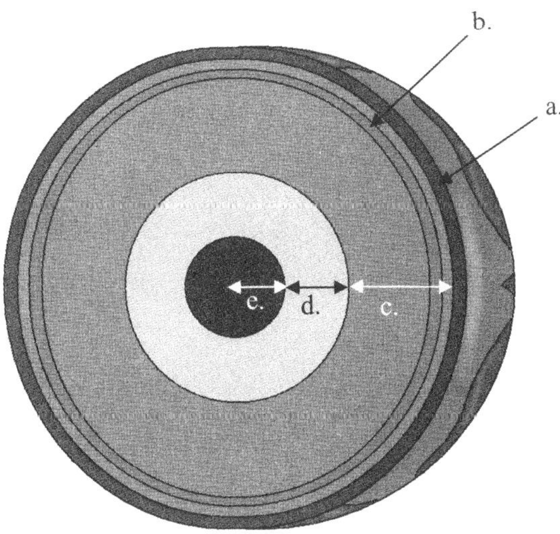

3. 지구 내부에 대해 알아내기 위해 과학자들이 관찰해야 했던 것은 무엇인가?

4. Moho는 지구의 어떤 두 영역 사이에 존재하는가?

5. 지구의 자기장은 무엇으로부터 비롯되는가?

6. 지구의 자기장을 설명하는 두 가지 이론은 무엇인가? 어떤 이론이 가장 과학적으로 타당한가?

7. 우리가 지구의 자기장으로부터 얻을 수 있는 큰 장점은 무엇인가?

8. 깊은 바다에 대해 연구 중, 수중 음파 탐지기를 사용하여 바닥에서 감지할 수 있는 깊은 곳까지 깊은 협곡이 있음을 감지하게 되었다. 그렇다면 이 협곡은 무엇으로 말미암아 형성된 것이겠는가?

9. 지구의 두 영역에서 일어나는 지진을 측정했다. 첫 번째 영역은 지구의 핵에 있는 판들 중 하나의 중심부

근처에서 발생했고, 다른 하나는 두 판들 사이의 경계면 부근에서 발생했다. 이 중 더 큰 지진 활동을 보이게 되는 지진은 무엇인가?

10. 대부분의 강력한 지진이 발생한 후에는 그 보다 덜 강력한 지진인 '여진' 이 뒤따라 발생하곤 한다. 어떤 지진이 진도 6이었는데, 여진이 진도 4였다면, 원래의 지진은 여진과 비교했을 때 몇 배의 에너지를 더 방출했겠는가?

11. 지구의 어떤 영역에서 많은 화산 활동이 있었다면, 그 영역에서는 어떤 종류의 산맥을 예상할 수 있겠는가?

12. 대부분의 과학자들은 모든 대륙이 한 때, 한 개의 초 대륙을 형성하며 붙어 있었다고 생각한다. 이 초대륙의 이름은 무엇인가?

단원7 시험지

1. 다음 용어를 정의하시오.
   a. 원일점　　b. 근일점　　c. 코리올리 효과
   d. 기단　　e. 기상전선

2. 다음 그림을 보고 구름의 종류를 말하시오.

a.

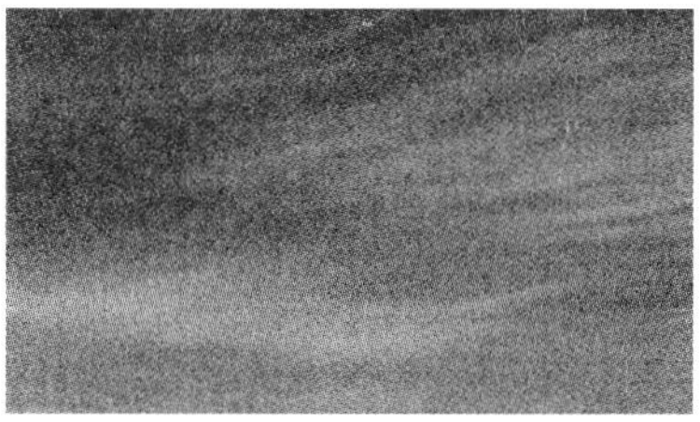
b.

c.

3. 날씨에 영향을 미치는 세 가지 주요 요소 중, 바람에 가장 큰 영향을 미치는 요소는 무엇인가?

4. 짙은 적운은 무엇이라고 부르는가?

5. 어떤 영역의 일사량이 크다고 할 경우, 그 영역은 따뜻하겠는가? 아니면 춥겠는가?

6. 북반구에서는 동지와 춘분 사이의 나날 동안 낮의 길이가 12시간보다 길겠는가? 아니면 그보다 짧겠는가? 그리고 그 시간동안 낮의 길이는 짧아지는 중이겠는가? 아니면 길어지는 중이겠는가?

7. 지구가 태양에 가장 가까이 있을 때 북반구가 겨울인 이유는 무엇인가?

8. 우리가 적도에 있는데 현재 위치에서 정북쪽에 있는 목표물에 미사일을 명중시키려고 한다고 생각해보다. 미사일을 목표물에 명중시키려면 미사일은 북쪽, 북서쪽, 북동쪽 중 어느 쪽으로 겨냥해야 하는가?

9. 두 가지 특정 인자가 없다면 바람 패턴은 매우 간단해질 수 있다. 그냥 극지방에서 적도지방 쪽으로 바람이 불게 될 것이다. 그렇다면 실제로 글로벌 바람의 패턴을 복잡하게 만드는 두 가지 인자는 무엇인가?

10. 실제 글로벌 패턴을 바탕으로 했을 때, 어떤 영역에 있는 바람이 우리가 예상했던 것과 다르게 되는 이유는 무엇인가?

11. 어떤 기단이 건조하고 따뜻하다면 어떤 종류의 기단이겠는가?

12. 하늘을 보고 있었는데, 권운이 형성된 후, 층운과 난층운이 보였다. 격렬한 폭풍우가 예상되는가? 아니면 장기간의 가벼운 비가 예상되는가?

단원8 시험지

1. 다음 용어를 정의하시오.
   a. 상승기류
   b. 절연체

2. 같은 구름으로부터 산에는 눈이 내렸고, 근처의 골짜기에는 비가 내렸다. 베르예론 과정이나 충돌-응집 과정 중 그러한 구름에서 강수가 발생되는 과정을 가장 잘 설명하는 것은?

3. 이슬점이란 무엇인가? 이슬점에 영향을 미치는 두 가지 인자는 무엇인가?

4. 어떤 뇌우세포에 비가 내리고 있고, 상승기류는 없었다. 이것은 뇌우 세포의 어떤 단계인가? 이 시점에서 뇌우에 우박이 있을 수 있겠는가?

5. 뇌우의 성숙단계가 최대 30분 동안 지속될 수 있다고 하는데, 어떤 뇌우에서 격렬한 비가 몇 시간 동안 지속되었다면, 그 이유는 무엇인가?

6. 난층운에서 번개를 볼 수 없는 이유는 무엇인가?

7. 번개가 발생하면 귀환뇌격과 계단형 선도 중, 먼저 어떤 현상이 일어나는가?

8. 번개가 천둥을 발생시키는 과정은?

9. 판번개가 사람에게 떨어질 수 있는 가능성이 있는가?

10. 어떤 토네이도가 조직 단계에 있다고 한다. 그 토네이도는 지표면에 도달했겠는가?

11. 열대폭풍우와 열대요란의 차이점은 무엇인가?

12. 태풍의 영역 중 가장 고요한 영역은 어디인가?

※ 다음 일기도를 보고 문제 13번에서 16번까지 푸시오.

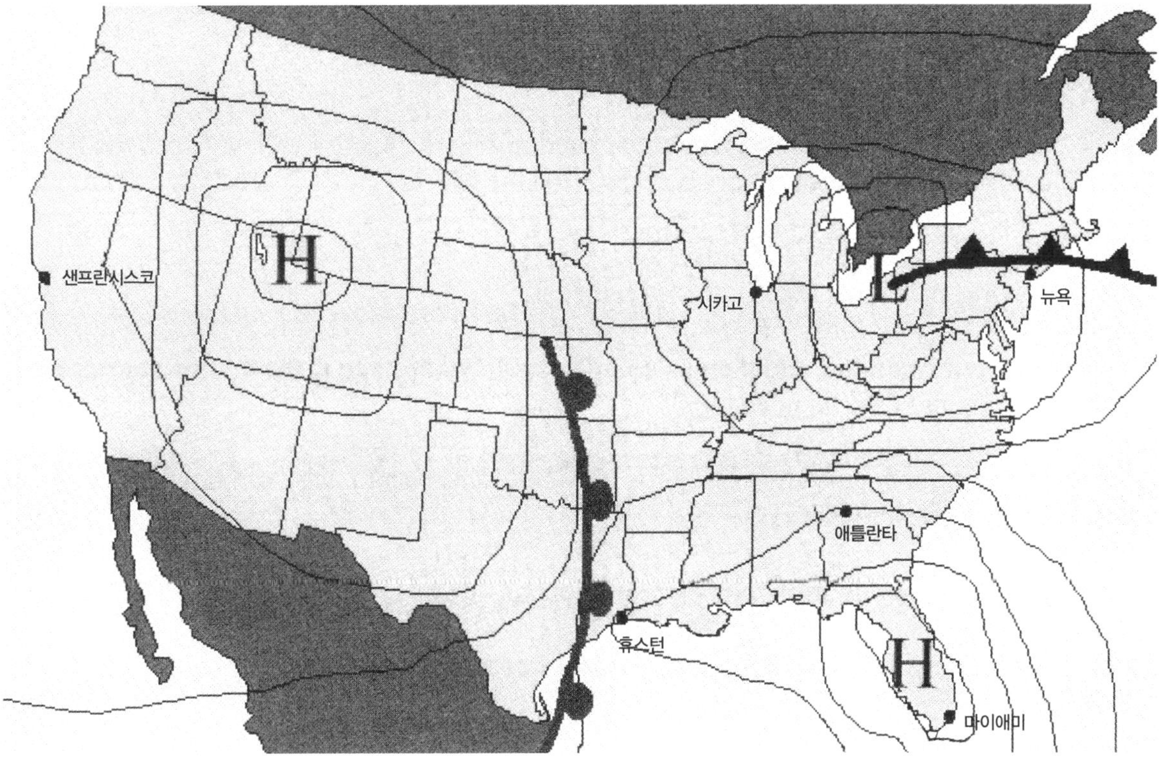

13. 휴스턴의 대기압은 애틀랜타의 대기압보다 높겠는가? 낮겠는가? 아니면 같겠는가?

14. 시카고의 대기압은 뉴욕의 대기압보다 높겠는가? 낮겠는가? 아니면 같겠는가?

15. 일기도에 나와 있는 도시들 중, 일기도가 만들어진 시점에 뇌우가 있었을 것으로 예상되는 도시는 어디인가?

16. 일기도에 나와 있는 도시들 중, 따뜻한 날씨가 예상되는 도시는 어디인가?

단원9 시험지

1. 다음 용어를 정의하시오.

a. 기준점

b. 벡터량

c. 스칼라량

d. 가속도

e. 자유낙하

2. 어떤 물체가 움직이는 지 움직이지 않는지를 판단하기 위해 하나의 기준점을 사용하는 이유는 무엇인가?

3. 여러분이 할머니 댁에 방문한 다음에 차를 타고 집으로 돌아오는 길이었다고 하자. 여러분은 자동차의 앞 좌석에 타고 있었고 부모님이 차를 운전하고 있었다. 할머니 댁의 앞마당에서 나오는 길에, 부모님은 창문 밖으로 손을 흔들며 인사를 했다.

a. 여러분에게 상대적으로 운동하고 있는 사람은 누구인가?

b. 여러분에게 상대적으로 운동하고 있지 않은 사람은 누구인가?

4. 어떤 자동차가 30분 동안 40 마일을 갈 수 있었다면 그 자동차는 한 시간 동안 몇 마일을 주행할 수 있는 것인가?

5. 어떤 자전거가 4.1분 동안 1km를 갈 수 있었다면, 그 자전거의 속도는 얼마인가(m/s)?

6. 과학자의 실험 노트를 살펴보다가 다음과 같은 값들을 찾았다. 각 값에 대해 과학자가 측정했던 물리적 양이 무엇이었는지 판단해보자.

a. 12.1m/s

b. 31.2ft

c. 14mm/h, 서쪽

d. 4.5yards/min^2, 북쪽

7. 독수리가 새끼 토끼를 잡으려고 하강했다. 토끼는 운 좋게도 독수리를 발견하고는 도망치기 시작했다. 토끼는 5.4m/s로 동쪽으로 달아났고 독수리는 4.4m/s로 토끼를 쫓아갔다. 독수리와 토끼의 상대 속도는 얼마인가?

8. 일정한 속도로 이동하고 있는 물체의 가속도는 얼마인가?

9. 어떤 사람이 스키를 타고 북쪽으로 12m/s의 속도로 슬로프의 하단에 도착했다. 이 사람이 3초 후 완전히 정지했다면, 이 사람의 가속도는 얼마였겠는가?

10. 자동차 한 대가 북쪽으로 60miles/h로 달리다가 5초 후 0mile/h가 되었다. 자동차의 가속도는 얼마인가?

11. 강 위의 다리 위에 서 있던 한 사람이 양 손에 각각 돌멩이와 공을 들고 있었다. 그는 공을 힘껏 강 쪽으로 던짐과 동시에 돌멩이를 떨어뜨렸다. 두 물체가 이 사람의 손을 떠났을 때, 더 큰 가속도를 가지고 있던 물체가 있었는가? 그랬다면, 어느 물체인가?

12. 동시에 땅으로 떨어뜨린 깃털과 돌멩이 중 깃털이 나중에 떨어지게 되는 이유는 무엇인가?

13. 한 학생이 나무 위로 올라갔다. 그는 자신이 얼마나 높이 올라왔는지 확인하기 위해서 돌멩이를 떨어뜨리고 돌멩이가 떨어지는 시간을 측정했다. 돌멩이가 땅에 떨어지는데 1.3초가 걸렸다면 그는 몇 ft를 올라간 것인가?

단원10 시험지

1. 다음 용어를 정의하시오.
   a. 관성　　b. 마찰　　c. 운동 마찰　　d. 정지 마찰

2. 뉴턴의 세 가지 운동의 법칙을 기술하시오.

3. 한 조종사가 적군의 비행장에 폭탄을 투하하라는 명령을 받고 비행하고 있다. 비행기가 북쪽으로 높고 빠르게 비행하고 있고, 도시는 정북쪽에 있다고 한다. 조종사는 비행기가 적군의 비행장 위에 도달하기 전에, 비행장 위에 도달했을 때, 비행장 위를 지나친 후 중에 언제 폭탄을 투하해야 하는가?

4. 한 잔인한 소년이 쥐 한 마리를 디스크의 바깥 가장자리에 놓았다. 그는 디스크를 천천히 돌리기 시작하여 디스크와 쥐가 모두 매우 빠른 속도로 돌아가게 될 때까지 점점 더 가속했다. 소년이 쥐를 잡지 않고 갑자기 디스크를 정지시키면 쥐는 다음 중 어떻게 되겠는가? 쥐는 이전처럼 계속 회전하겠는가? 쥐는 디스크와 함께 정지하겠는가? 쥐는 디스크에서 미끄러져 나가 직진으로 이동하기 시작하겠는가?

5. 얼음 조각(질량 = 1.0kg)이 4.0m/s^{2}의 가속도로 경사진 접시를 미끄러져 내려갔다. 마찰을 무시할 경우, 얼음 조각이 접시를 누르고 있는 힘은 얼마이겠는가?

6. 한 야구 선수(질량 = 75kg)가 베이스 쪽으로 북쪽으로 달리고 있다. 공에 터치아웃 되지 않도록 하기 위해서 야구 선수는 베이스로 슬라이딩을 했다. 그가 슬라이딩하는 가속도가 남쪽으로 5.0m/s^{2}였다면, 야구 선수와 땅 사이에 존재하는 운동 마찰력은 얼마이겠는가?

7. 한 사람이 무거운 카트를 밀고 있다. 이 사람이 카트를 일정한 속도로 움직이도록 하기 위해서 카트에 200N의 힘을 가하고 있었다면, 카트와 지면 사이에 존재하는 마찰력은 얼마인가? 그리고 그 마찰력은 운동 마찰력인가? 아니면 정지 마찰력인가?

8. 여러분이 한 과학자의 실험 노트를 살펴보던 중에 나무토막과 실험실 의자 사이의 마찰력에 대한 값을 보게 되었다. 그 값은 각각 8N과 11N이었다. 그렇다면 어느 것이 정지 마찰력이고, 어느 것이 운동 마찰력이겠는가?

9. 한 여인이 상자(질량 = 30kg)를 밀고 있다. 상자와 지면 사이의 정지 마찰력이 20N이고, 운동 마찰력은 7N이었다. 이 여인이 상자를 움직이게 만들려면 상자에 얼마의 힘을 가해야 하는가? 상자를 서쪽으로 1.0m/s^{2}의 가속도로 가속시키려면 상자에 얼마의 힘을 가해야 하는가?

10. 야구선수들은 공을 너무 세게 쳐서 가끔 배트가 부서지는 경우도 생긴다. 배트에 가해져서 배트를 부서지게 만드는 힘은 무엇인가?

1. 한 어린이가 줄에 장난감 비행기를 매달아 일정한 속력으로 돌리고 있다.

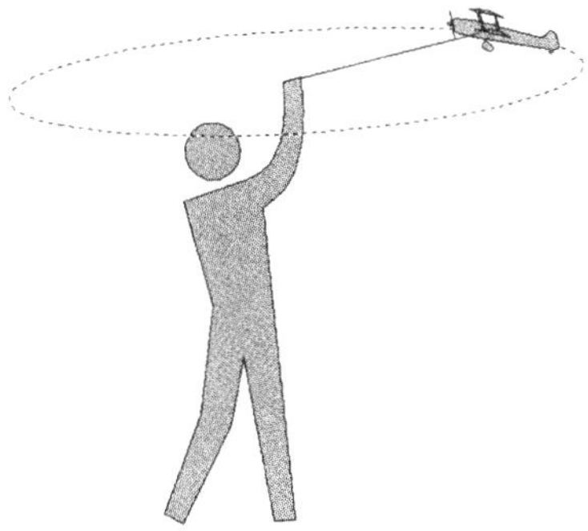

비행기의 속력을 그리고 작용하는 힘을 그리시오.

2. 기본적인 힘 중 가장 약한 힘은 어느 것인가?

3. 한 학생이 공을 떨어뜨리자 지구가 가하고 있는 중력의 힘으로 말미암아 공은 낙하하기 시작했다. 뉴턴의 운동 제3법칙에 따라 요구되는 힘은 같고 방향은 반대인 힘은 무엇인가?

4. 두 물체(질량 1=5kg, 질량 2=2kg) 사이의 인력을 두 물체 사이의 거리를 10cm 떨어뜨려 놓은 상태로 측정했다. 그 후, 5kg의 질량을 20kg의 질량으로 바꾸고, 2kg의 질량은 12kg의 질량으로 바꾸었다면, 이때 측정한 인력은 처음에 측정한 인력과 비교했을 때, 어떻게 측정되었겠는가?

5. 두 물체(질량 1=10kg, 질량 2=6kg) 사이의 인력을, 두 물체 사이의 거리를 12cm 떨어뜨려 놓은 상태로 측정했다. 그 후, 이들 사이의 거리를 36cm 떨어뜨려 놓았다면, 이때 측정한 인력은 처음에 측정한 인력과 비교했을 때, 어떻게 되었겠는가?

6. 두 달이 두 개의 다른 행성 주위를 공전하고 있는데, 이들은 서로 같은 거리만큼 떨어져서 돌고 있었다. 첫 번째 달이 한 바퀴 공전하는데 3개월이 걸렸고, 두 번째 달이 한 바퀴 공전하는데 1년이 걸렸다면, 더 큰 인력을 받고 있는 달은 어느 것인가?

7. 외행성을 나열하시오.

8. 태양계에서 가장 적은 일사량을 받고 있는 행성은 어느 것인가?

9. 다음 궤도 중 밤하늘에서 쉽게 볼 수 있는 혜성으로 보이는 것은 어느 것인가?

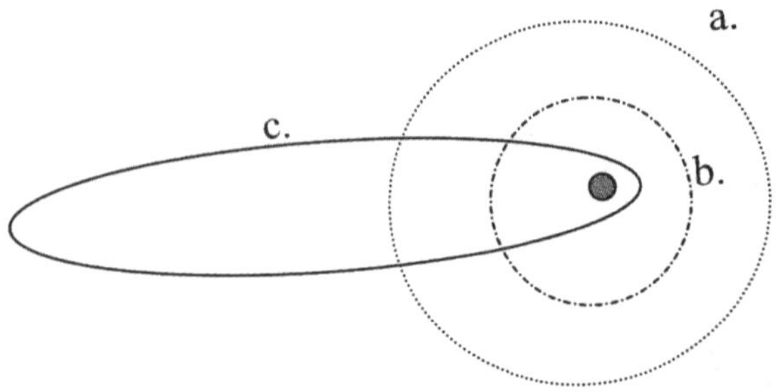

10. 혜성 궤도상에서 있기도 하고 없어지기도 하는 혜성의 일부분, 또는 일부분들은 어디인가?

11. 카이퍼 띠는 무엇의 근원으로 여겨지고 있는가?

12. 중력이 물체와 질량 사이의 입자 교환에 의해 발생되는 것이라고 설명하는 이론은 무엇인가?

13. 한 과학자가 자연에는 있는 기본적인 힘은 전자기력과 강력, 두 개뿐이라고 했다고 생각해보자. 이것이 옳은 주장이 될 수 있게 만드는 가설은 두 개의 중력에 대한 이론 중 어느 이론인가?

단원12 시험지

1. 다음 용어를 정의하시오.
   a. 광자
   b. 전도에 의한 대전
   c. 유도에 의한 대전
   d. 전류
   e. 약정 전류
   f. 저항
   g. 개방회로

2. 다음과 같은 상황일 경우, 실선 물체에 가해지는 힘을 실선 화살표로 그리시오. 그리고 점선 물체에 가해지는 힘을 점선 화살표로 그리시오.

3. 한 자석의 남극과 또 다른 자석의 남극 사이의 힘을 측정했다. 이 자석들 사이의 거리를 갑자기 두 배로 늘리면, 이때 이들 사이의 힘은 처음의 힘에 비해 어떻게 되겠는가? 그 힘은 끌어당기는 힘이겠는가? 밀어내는 힘이겠는가?

4. 한 물리학자가 양전하로 대전된 막대로 어떤 물체를 대전시켰다. 이 물체가 음극으로 대전되었다면, 물리학자는 물체를 어떻게 대전시킨 것인가?

5. 어떤 회로에 낮은 전압이 있을 경우에도 에너지는 많을 수 있는가? 그렇다면, 그 이유는 무엇인가?

6. 눈을 가리고 같은 길이의 두 연장 코드를 손에 쥐고 있었다. 두 코드 모두에 같은 양의 전류를 흘려보내고 있었는데, 왼쪽 손에 잡고 있던 코드가 오른쪽 손에 잡고 있던 코드보다 더 따뜻해졌다면, 어느 코드가 더 두꺼운 것인가?

7. 다음 회로도에 점선으로 약정 전류의 흐름을 그리시오. 실선으로 전자의 흐름을 그리시오.

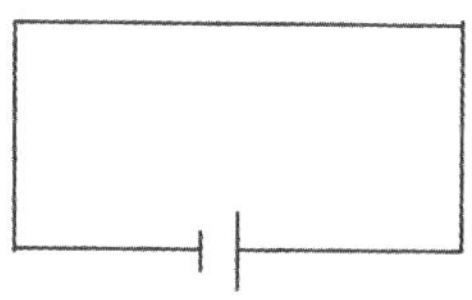

8. 오늘날 대부분의 샹들리에는 한 개의 전구가 불이 나가도 다른 전구들은 계속 불이 들어온다. 전구는 병렬로 연결되어 있는가? 아니면 직렬로 연결되어 있는가?

9. 어떤 물체의 원자가 정렬되어 있지 않다면 그 물체는 자석인가?

10. 북극과 남극이 있는 자석을 정확하게 반으로 자르면 몇 개의 북극과 몇 개의 남극이 존재하게 되겠는가?

단원13 시험지

1. 다음 용어를 정의하시오.
   a. 핵
   b. 원자번호
   c. 질량수
   d. 동위원소
   e. 원소
   f. 방사성 동위원소

2. 전자와 양자 중 더 큰 것은 무엇인가? 음극 전하를 띠는 것은 어느 것인가?

3. 핵력은 무엇으로 비롯되며, 이 힘이 아주 짧은 거리에서만 작용하는 이유는 무엇인가?

4. 다음 원자들의 양자, 중성자, 전자 개수를 적으시오.
   a. ^{48}Ca
   b. ^{124}Sn
   c. ^{109}Ag

5. ^{23}Na 원자와 같이 생긴 보어 모델을 그리시오.

6. 다음 원자 중 동위원소는?

   ^{144}Ce, ^{144}Nd, ^{144}Sm, ^{145}Nd

7. 어떤 방사성 동위원소의 반감기가 3시간이라고 한다. 한 과학자가 그 동위원소를 30g만큼 가지고 있었다면, 15시간이 지난 후 얼마나 남아있겠는가?

8. ^{144}Ce의 베타 붕괴로 인한 딸핵종은 무엇인가?

9. ^{220}Rn의 알파 붕괴로 인한 딸핵종은 무엇인가?

10. ^{239}U의 감마 붕괴로 인한 딸핵종은 무엇인가?

11. 종이 1장이 방사성 동위원소와 어떤 사람 사이에 놓여 있었다. 사람에게 전달되지 않아 사람이 보호될 수 있는 방사성 입자는 어느 것인가?

단원14 시험지

1. 다음 용어를 정의하시오.
   a. 횡파
   b. 종파
   c. 초음속
   d. 충격 음파
   e. 피치

2. 리코더는 연주자가 관 속으로 바람을 불면 관 속에 파동이 형성되면서 소리를 내는 관악기이다. 한 음악가가 두 개의 리코더를 가지고 있었다. 하나는 약간 짧은 것이고, 다른 하나는 상당히 긴 것이었다. 어떤 리코더가 가장 낮은 피치의 음을 연주할 수 있겠는가?

3. 한 인기 있는 공상 과학 영화에서 "우주에서는, 여러분이 소리 지르는 것을 아무도 들을 수 없습니다."라고 했다. 이 말이 옳은 이유는 무엇인가?

4. 음파는 그 파동이 이동하는 방향과 수직 방향인가? 아니면 평행 방향인가?

5. 온도가 25°C인 공기 중에서 소리의 속력은 얼마인가?

6. 17°C의 공기 중에서 이동하고 있는 한 파동이 2m의 파장을 가지고 있다고 한다. 이 음파의 주파수는 얼마인가?

7. 다음 중 어느 파동이 가장 긴 파장을 가지고 있는가?

   음파, 초저주파, 초고주파

8. 폭풍우 중에 온도가 10°C이었다. 만일 번개가 치는 것을 보았는데, 그로부터 2초 후에 천둥소리를 들었다면, 번개는 우리로부터 얼마나 멀리서 생성된 것이겠는가?

9. 배 1척이 고동을 울렸다. 공기를 통해 일부 음파가 이동하여 물에 닿았다. 음파는 물과 공기 중 어디에서 더 빠르게 이동하겠는가?

10. 한 남자와 여자가 듀엣 곡을 부르고 있다. 남자는 낮은 음을 부르고 있고, 여자는 높은 음을 부르고 있다.

여자는 멜로디 부분을 부르고 있었기 때문에 남자보다 더 크게 노래를 불렀다. 남자 음파의 파장은 여자 음파의 파장보다 더 길겠는가? 더 짧겠는가? 같겠는가? 그리고 남자 음파의 주파수는 여자 음파의 주파수보다 더 길겠는가? 더 짧겠는가? 같겠는가? 그렇다면 파동의 진폭은 어떻게 되겠는가? 그리고 음파의 속력은 어떻게 되겠는가?

11. 한 제트기가 마하 3의 속력으로 10°C의 공기 중을 비행 중이다. 이 제트기의 속력은 몇 m/s인가?

12. 매일 정오에 30초 동안 소리를 내는 사이렌이 있는 도시에서 운전을 하고 있었다. 정지 신호 앞에 정지하였는데 사이렌 소리가 들리기 시작했다. 정지 신호가 바뀌어 다시 차를 운전하기 시작했는데, 속력을 높이자 사이렌의 피치가 더 높아지게 되는 것을 알 수 있었다. 자동차는 사이렌에게서 멀어지고 있는 중인가? 아니면 가까워지고 있는 중인가? (사이렌의 실제 피치는 일정하다고 가정한다.)

13. 한 증폭기를 사용하여 30데시벨의 소리를 80데시벨의 소리로 증폭했다. 30데시벨의 소리와 비교했을 때 80데시벨의 소리는 음파의 강도가 몇 배 더 큰 것인가?

단원15 시험지

1. 다음 용어를 정의하시오.
   a. 전자기파
   b. 반사의 법칙

2. 현재 수용되고 있는 이론에 따라 빛을 설명하시오. 상세하게 기술하시오.

3. 빛이 공기 중을 이동하다가 갑자기 유리창을 만났다. 빛의 속력은 빨라지겠는가? 느려지겠는가? 아니면 유리로 들어갈 때와 같은 속력을 유지하겠는가?

4. 다음 중 더 높은 주파수를 가지는 것은? 초록색 빛과 노란색 빛

5. 다음 중 더 긴 파장을 가지는 것은? 자외선과 전파

6. 광선이 수조의 오른쪽에 닿을 때 광선이 어떻게 될 것인지 그리시오.

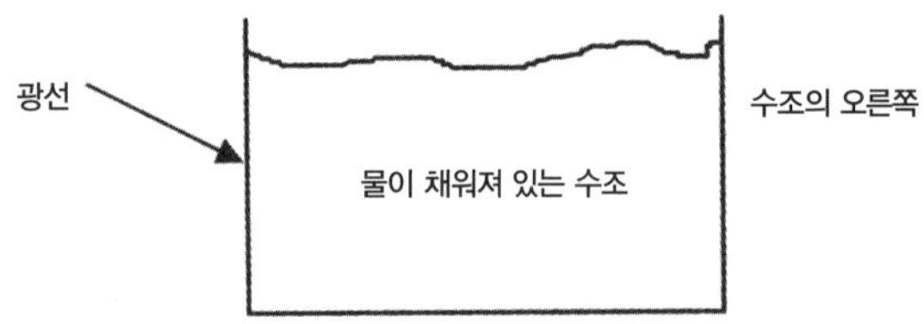

7. 다이빙 보드에 올라서서 수영장을 바라보고 있었는데, 수영장 바닥에서 자신으로부터 약 3ft 앞에 동전이 하나 떨어져 있는 것을 발견했다. 이 동전이 실제로는 자신의 3ft 앞에 있는 것이 아닌 이유는 무엇인가?

8. 약한 광원으로부터 나오는 빛을 하나의 점으로 초점을 맞추어 집중시키도록 하려고 한다. 볼록 렌즈를 사용해야겠는가? 오목 렌즈를 사용해야겠는가?

9. 눈의 초점을 바꾸어 주는 것은 무엇인가?

※ 10번부터 12번까지의 문제에서는 파란색+초록색=청록색, 빨간색+파란색=자주색, 빨간색+초록색=노란색이 라는 것을 기억하도록 하자.

10. 컴퓨터 모니터는 초록색 도트를 그린 다음 바로 같은 위치에 파란색 도트를 만들었다면 어떤 색을 보게 되겠는가?

11. 청록색과 자주색 물감을 혼합하면, 어떤 색의 물감이 나오겠는가?

12. 노란색 셔츠에 빨간색 빛을 비추면, 셔츠가 무슨 색으로 보이겠는가? 셔츠의 색은 감법원색을 사용하는 염료로 만들어졌다고 가정하자.

단원16 시험지

1. 다음 용어를 정의하시오.
   a. 핵융합
   b. 핵분열
   c. 임계 질량
   d. 절대 등급
   e. 시 등급
   f. 광년
   g. 은하

2. 태양의 핵에서는 어떤 핵 반응이 발생하는가?

3. ^{4}He의 핵과 ^{7}Li의 핵이 서로 충돌하여 ^{10}B 핵과 중성자 하나를 형성했다. 이들은 핵융합인가? 아니면 핵분열인가?

4. 한 과학자가 중성자 한 개가 ^{216}Pu 핵에 부딪혀서 ^{104}Cd 핵과 ^{110}Pd 핵, 그리고 세 개의 중성자가 생성되는 것을 연구했다. 이 과학자가 ^{216}Pu의 질량을 측정하여 ^{104}Cd 핵, ^{110}Pd 핵의 질량과 중성자 세 개의 질량에서 뺀다면 과학자는 음수를 얻겠는가? 양수를 얻겠는가? 0을 얻겠는가?

5. 핵발전소에서 핵폭발이 일어날 수 있는가? 그 이유는 무엇인가?

6. 아래의 H-R 도를 사용하여 다음 별을 분류하시오.
   a. 등급 5, 분광 문자 G
   b. 등급 2, 분광 문자 K
   c. 등급 11, 분광 문자 B
   d. 등급 -6, 분광 문자 A

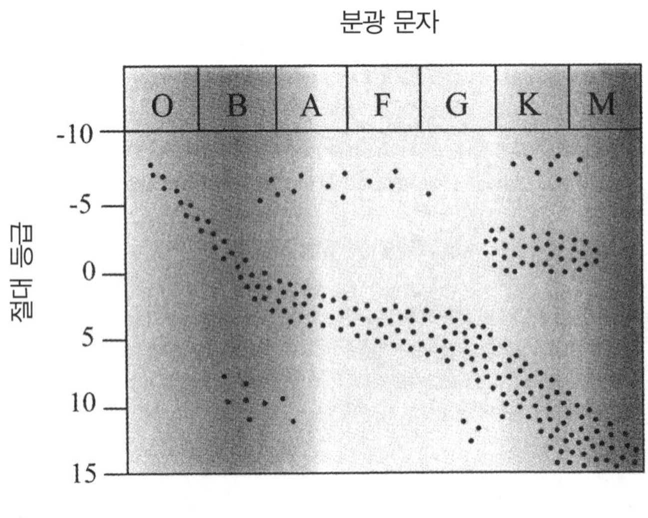

7. 문제 6의 별들 중 가장 밝은 별은 어느 것인가?

8. 문제 6의 별들 중 가장 뜨거운 별을 어느 것인가?

9. 변광성의 주요 두 가지 종류는 무엇인가?

10. 케페우스형 변광성은 무엇이며, 이들이 천문학에서 중요한 이유는 무엇인가?

11. 지구의 태양계가 속해 있는 은하의 이름은 무엇인가? 그 은하의 종류는 무엇인가?

12. 적색편이란 무엇인가?

단원1 시험지 해답

1. (3점 -각 정의마다 1점씩)
   a. 원자 - 물질을 이루는 가장 작은 알갱이 또는 화학적 단위
   b. 분자 - 물질의 성질을 가지고 있는 최소 단위로 두 개 이상의 원자가 화학적 결합으로 이루어진 것
   c. 농도 - 특정 부피 안에 있는 물질의 양

2. (1점) 아황산가스는 분자로 이루어져 있다. 그 분자에는 황(노란색 가루)의 속성이 없으나, 황 원자를 포함하고 있으므로 그렇게 부르는 것이다. 원자가 자신의 속성을 포기할 수 있는 경우는 분자의 일부가 되었을 뿐이다.

3. (1점) 조각상의 청록색 가루 아래에 구리 색이 보일 것이다. 실험 1.1로부터 그러한 청록색 다루와 같은 것이 구리 히드록시카보네이트라는 것을 배웠다. 이 분자가 형성되려면 구리가 필요하다. 따라서 조각상은 구리 히드록시카보네이트가 형성되기 위해서 필요한 것이다.

4. (1점) 그림 A는 분자 다발을, 그림 B는 원자 다발을 나타낸다.

5. (1점) 이는 질량을 나타낸 것이다. 미터법 단위 g은 접두사가 무엇인지와 상관없이 질량을 측정한 것이다.

6. (1점) 접두사 '킬로' 는 '1,000' 이라는 수를 나타내는 데 사용된다.

7. (2점-변환 관계식에 1점, 실제 변환에 1점) 먼저 수를 분수의 형태로 바꾸어 주어야 한다.

$$\frac{1.6\text{m}}{1}$$

그다음 m를 cm로 변환하려는 것이므로 'cm' 가 '0.01' 임을 기억해야 한다. 1cm는 0.01m와 같은 것이다. 따라서 다음과 같이 된다.

$$1\text{cm}=0.01\text{m}$$

이것이 필요한 변환 관계식이다. 답을 cm으로 구해야 하므로, 분모에 m(거기에 있는 m 단위를 없애기 위해)가 있고, 분자에 cm(cm 단위만 남아야 하므로)가 있는 분수를 곱해야 한다. 여기서 위의 관계식에 있는 단위 옆의 수들을 단위와 함께 붙여야 한다는 사실을 기억해야 한다. 따라서 'm' 은 분수의 분모로 가고, '0.01' 도 함께 분모로 한다. 그리고 'cm' 은 분자로 가고, '1' 도 함께 분자로 간다.

$$\frac{1.6\cancel{\text{m}}}{1}\times\frac{1\text{cm}}{0.01\cancel{\text{m}}}=160\text{cm}$$

따라서 1.6m은 160cm와 같다.

8. (2점 - 변환 관계식에 1점, 실제 변환에 1점) 먼저 수를 분수 형태로 바꾸어야 한다.

$$\frac{0.12\text{kL}}{1}$$

그다음 kL를 L로 변환해야 하므로, '킬로'가 '1,000'을 의미함을 알아야 한다. 1kL는 1,000L와 같으므로 다음과 같다.

$$1\text{kL} = 1{,}000\text{L}$$

이것이 필요한 변환 관계식이다. 답은 L로 구해야 하므로, 분모에는 kL가 있고(거기에 있는 kL를 없애기 위해), 분자에는 L이 있는(L 단위만 남아야 하므로) 분수를 곱해야 한다.

$$\frac{0.12\cancel{\text{kL}}}{1} \times \frac{1{,}000\text{L}}{1\cancel{\text{kL}}} = 120\text{L}$$

따라서 0.12kL은 120L이다.

9. (2점 - '1'과 '14.59'로 분수의 형태를 갖추는 것에 1점, 실제 변환에 1점)

$$\frac{45.1\cancel{\text{kg}}}{1} \times \frac{1\text{slug}}{14.59\cancel{\text{kg}}} = 3.09\text{slugs}$$

따라서 45.1kg는 3.09slugs이다. 여기서 답을 반올림했다는 것을 알아두도록 하자. 실제 답은 '3.091158328'이었다. 그러나 너무 길어서 답을 반올림한 것이다. 화학을 배우면 유효 숫자에 대해 배우게 된다. 유효 숫자는 숫자를 반올림해야 하는 부분을 결정하는 방법이다. 지금은 그것에 대해서 신경 쓰지 말자. 다른 곳에서 반올림했다고 하더라도 상관없다.

10. (1점) 두 번째 통에 더 강력한 세제가 들어 있다. 중요한 것은 농도라는 사실을 기억하자. 2통 모두 같은 양의 암모니아가 들어있었지만, 두 번째 통에 들어 있는 암모니아의 부피가 더 적었다. 따라서 두 번째 통의 암모니아 농도가 더 짙은 것이다.

총 점수 15점

단원2 시험지 해답

1. (5점 - 각 정의마다 1점씩)
   a. 습도 - 공기의 습한 정도
   b. 절대 습도 - 1㎥의 공기 속에 포함된 수증기의 질량을 그램 수로 나타낸 수
   c. 상대 습도 - 어떤 온도에서 공기 중에 있는 수증기의 질량과 그 온도에서 공기가 포함할 수 있는 수증기의 최대 질량과의 비율, 백분율로 나타냄
   d. 온실 효과 - 지구로부터 방출되는 열을 특정 기체들(주로, 수증기, 이산화탄소, 메테인)이 잡아 기온이 상승하는 현상
   e. ppm - 어떤 혼합물에 존재하는 백만 개의 분자(또는 원자) 중, 그 혼합물에 존재하는 한 성분의 분자(또는 원자) 개수

2. (1점) 물은 습도가 높은 조건 하에서 더 느리게 증발한다. 습도가 높을수록 공기 중에 이미 많은 수증기가 존재하고 있는 것이다. 그러면 수증기가 공기 중으로 들어가는 작용인 증발 작용이 일어나기가 어려워진다.

3. (1점) 그렇지 않다. 땀을 흘려도 시원해질 수 없다. 습도가 100%일 때에는 물이 증발되지 않기 때문에 땀을 흘려도 냉각 효과를 얻을 수 없다.

4. (1점) 질소는 우리가 들이마시는 공기의 대부분이다. 그림 2.5를 참조한다.

5. (1점) 질소는 우리가 내뱉는 공기의 대부분이다. 그림 2.5를 참조한다.

6. (1점) 그 물질은 두 번째 실험에서 더 빠르게 연소될 것이다. 두 번째 실험에서는 산소 농도가 첫 번째 실험에서의 농도보다 두 배만큼 높다. 즉 실내의 공기 공급이 약 21%의 산소였던 것이다. 두 번째 실험에서는 50% 산소의 공기 혼합물을 사용하였으므로 공기의 농도가 높아져서 더 빠른 연소가 이루어졌을 것이다.

7. (1점) 오존은 태양으로부터 들어오는 자외선을 차단해준다. 오존이 없다면 지구상에 생명체는 존재하지 못했을 것이다.

8. (1점) 지표 오존 농도는 감소되어야 한다. 오존은 유해한 물질임을 알아야 한다. 오존으로 호흡을 해서는 안 된다. 오존은 오존층에만 있어야 한다.

9. (1점) 아니다. 지구의 평균 온도는 1925년부터 거의 변함없는 상태이다. 그림 2.6을 참조한다.

10. (2점 - 10,000과 1로 분수의 형태를 만드는 데 1점, 실제 변환에 1점) %와 ppm의 관계를 알고 있으므로 단위 인자법을 사용하여 변환할 수 있다.

$$\frac{1\cancel{\%}}{1} \times \frac{10{,}000\text{ppm}}{1\cancel{\%}} = 10{,}000\text{ppm}$$

1%의 농도는 10,000ppm과 같다.

11. (2점 - 10,000과 1로 분수의 형태를 만드는 데 1점, 실제 변환에 1점) %와 ppm의 관계를 알고 있으므로 단위 인자법을 사용하여 풀 수 있다.

$$\frac{0.018\cancel{\text{ppm}}}{1} \times \frac{1\%}{10{,}000\cancel{\text{ppm}}} = 0.0000018\%$$

따라서 0.018ppm은 0.0000018%와 같다.

12. (1점) 촉매 변환기는 일산화탄소의 농도를 감소시켰다.

총 점수 18점

단원3 시험지 해답

1. (7점 - 각 정의마다 1점씩)
   a. 대기 - 지구 주위를 둘러싸고 있는 공기 덩어리
   b. 기압계 - 기압을 측정하는 계기
   c. 균질권 - 지구 대기의 하단층, 지면에서부터 해발 약 80km까지에 존재한다.
   d. 비균질권 - 지구 대기의 상단층, 해발 약 80km의 위쪽에 존재한다.
   e. 제트 기류 - 지구에 원을 그리며 서쪽에서 동쪽으로 부는 고속의 좁은 바람 띠
   f. 열 - 온도 차이로 말미암아 전달되는 에너지
   g. 온도 - 물체의 차고 뜨거운 정도를 나타내는 물리량

2. (1점) 대류권을 연구해야 한다. 날씨 현상의 대부분의 대류권에서 이루어지기 때문이다.

3. (1점) 성층권을 연구해야 한다. 오존층이 존재하는 곳이 성층권이기 때문이다.

4. (1점) 비균질권에서 가져온 것일 것이다. 균질권의 공기는 78%가 질소, 21%가 산소, 그리고 나머지 1%는 기타 기체들로 이루어져 있다.

5. (3점 - 한 영역에 1점씩) 균질권에는 대류권, 성층권, 중간권이 있다.

6. (1점 - 각 영역에 1/2점씩) 비균질권에는 열권과 외기권이 있다.

7. (1점) 기둥의 높이는 낮아질 것이다. 액체 기둥이 생기는 이유는 기둥 내부의 공기압과 외부의 공기압이 다르기 때문이다. 공기가 날아가게 되면, 불균형 정도가 감소되어, 기둥 높이가 더 낮아지게 될 것이다. 공기의 누출 정도가 많아지면, 결국에는 기둥 내부와 외부의 액체 높이가 같아지게 될 것이다.

8. (1점) 성층권에서는 오존층이 있기 때문에 고도가 올라갈수록 온도가 올라간다.

9. (1점) 오존은 극소용돌이의 도움이 없이는 CFCs에 의해 고갈될 수 없기 때문에, '오존 구멍' 은 남극 지방에서만 발생되는 계절적인 현상이다. 극소용돌이는 계절적인 현상이고 남극에만 존재하므로 '오존 구멍' 도 그러하다고 말할 수 있다.

10. (1점) 열은 전달되는 에너지이다. 물이 얼기 위해서는 물에서 주위 환경으로 에너지가 전달되어야 한다. 따라서 물은 열 때문에 어는 것이라고 할 수 있다.

11. (1점) 분자의 평균 속력은 느려진다. 온도는 분자의 속력과 직접적으로 관련이 있는 분자의 평균 에너지를 측정한 것이라고 했다. 대류권에서는 고도가 올라갈수록 온도가 낮아지므로, 대류권에서 분자의 평균 에너지는 감소하며, 이는 이들의 속력도 감소한다는 것을 의미한다.

총 점수 19점

단원4 시험지 해답

1. (6점 - 각 정의마다 1점씩)
   a. 전기 분해 - 전기를 사용하여 분자를 더 작은 단위로 분해하는 것
   b. 극성 분자 - 전자 공유의 불균형 때문에 약한 양전하와 음전하를 가지는 분자
   c. 용매 - 다른 물질을 용해시킬 수 있는 액체 물질
   d. 용질 - 용매에 용해되는 물질
   e. 응집력 - 각 분자의 끌어당기는 힘이 너무 강력해서 이들이 응력에 노출되었을 때에도 서로 붙어 있으려고 하는 현상

   * 물의 응집력-물 분자들 상이에 작용하는 만유인력, 액체에서 작용하는 힘을 응집력이라고 한다. 최소의 표면적으로 최대의 부피를 만들려고 하는 성질이 있다. 이때의 완전한 모양이 구(Sphere)모양이다. 우주 공간에서 물방울을 떨어뜨리면 응집력에 의해 구모양이 되지만 지구에서는 중력과 응집력이 합성되면서 반구모양으로 바닥에 붙는다.

   f. 경수 - 주로 칼슘 이온 및 마그네슘 이온 등이 용해된 물

2. (1점) H_2O

3. (1점)H_4O일 것이다. 건전지를 둘러싸고 있는 금속에 의해 산소가 흡수되고 있었다면, 관에 기체가 덜 모이게 되었을 것이다. 그러면 물 분자에 산소가 더 없는 경우가 될 것이다. H_2O는 산소가 더 많은 화학식이라고 할 수 있다.

4. (1점) 수소 결합으로 말미암아 물 분자가 서로 가까이 있게 된다.

5. (2점 - 각각 1점씩) 이산화탄소 분자에는 세 개의 원자가 있고, 일산화탄소 분자에는 두 개의 원자가 있다. 각 대문자는 원자를 나타내는 것이며, 아래첨자가 없다면 한 개의원자만 있음을 의미하는 것이다.

6. (1점) 화학식은 C_8H_{18}이다.

7. (1점) 물 분자는 산소 원자와 수소 원자가 모두 그들이 공유하고 있는 전자를 차지하려고 싸우고 있기 때문에 극성이다. 산소는 그 전자들을 좀 더 강하게 잡아당길 수 있기 때문에 더 많은 전자를 차지할 수 있게 되어 약간 음극이 된다. 수소 원자는 전자를 덜 차지하게 되어 약간 양극이 된다.

8. (1점) 물은 극성 물질과 이온성 물질을 모두 용해하므로 그 물질은 무극성일 것이다.

9. (1점) 어떤 물질이 물에 용해된다면 극성이거나 이온성이라는 말이므로 식물성 기름에서는 용해되지 않을 것이

다. 이와 마찬가지로, 그러한 물질은 식물성 기름과 같은 무극성 액체에서는 용해되지 않을 것이다.

10. (1점) 그렇지 않다. 경수는 그 물을 가져온 지역의 칼슘 함유 화합물에 의한 것이다.

총 점수 16점

단원5 시험지 해답

1. (5점 - 각 정의마다 1점씩)
   a. 증산 - 식물에서 물의 증발 현상
   b. 응결 - 포화 증기의 온도 저하 또는 압축에 의하여 증기의 일부가 액체로 변하는 현상
   c. 체류 시간 - 어떤 입자가 어떤 계에 머무는 평균 시간
   d. 삼투 - 토양의 물이 지하수면 쪽으로 흘러 내려가는 과정(농도가 다른 두 액체를 반투막으로 막아 놓았을 때, 농도가 높은 쪽에서 농도가 낮은 쪽으로 용매가 옮겨가는 현상, *용매가 스며든 결과 두 액체의 결과는 같게 됨)
   e. 단열 냉각 - 기체가 더 많은 에너지를 받지 않고 팽창되었을 때 일어나는 기체의 냉각 현상

2. (1점) 바다에 존재한다.

3. (1점) 지하수는 가장 큰 액체 민물의 근원이다.

4. (1점) 대기이다. 증산은 식물에서 나온 수분이 대기로 가는 과정이다.

5. (2점 - 각 답마다 1점씩) 물이 바다를 떠나는 것은 증발이고, 구름으로 들어가는 것은 응결이다.

6. (1점) 체류 시간은 물의 교환이 가장 적게 일어나는 곳에서 가장 길다. 바다에서 물이 없어질 수 있는 유일한 길은 증발뿐이므로 바다에서 물 분자가 없어지는 데에는 시간이 더 걸릴 것이다. 따라서 바다의 체류 시간이 더 길다.

7. (1점) 소금물이었다. 물이 없어질 수 있는 유일한 방법이 증발뿐이므로 염분의 농도가 계속해서 증가되어 소금물이 되었을 것이다.

8. (1점) 지구가 형성된 지 수억 년이 되지 않았음을 알 수 있다. 지구가 형성된 지 그 정도로 오래되었다면, 훨씬 더 염분이 많이 함유되어 있어야 한다.

9. (2점 - 그렇지 않다는 것에 1점, 그 이유에 1점) 빙산을 형성하지 않는다. 빙산은 민물이며, 빙하에서 비롯되는 것이다. 해빙에는 염분이 포함되어 있다.

10. (1점) 빙하를 형성하는 것은 강수이다. 빙하는 눈에 의해 형성되는 것이며, 눈은 강수에 의한 것이다.

11. (1점) 단열 냉각은 대부분의 구름을 만드는 응결 작용을 발생시키는 온도 변화를 일으킨다.

12. (1점) 온도는 상승한다. 기체가 주위 환경과 에너지를 교환하지 않았을 경우에는, 기체가 팽창되면서 냉각되고, 압축되면서 가열된다.

13. (1점) 지하수면의 깊이는 감소한다. 많은 양의 물이 토양으로 들어갔다면 평소보다 더 많은 토양이 포화될 것이다. 이는 포화된 물이 그렇게 깊은 곳에 있지 않음을 의미하는 것으로 지하수면의 깊이가 깊지 않다는 것이다.

14. (1점) 지하수의 흐름 특성으로 말미암아 수백 마일이 떨어져 있는 곳의 토양에 스며들었던 지하수에 의해서도 호수가 오염될 수 있기 때문이다. 지하수 오염으로 오염된 호수를 발견했다고 해도, 어디에서부터 비롯된 것인지 알 수 없다.

총 점수 20점

단원6 시험지 해답

1. (4점 - 각 정의마다 1점씩)
   a. 퇴적암 - 화학물질이 시멘트 침전물과 반응하여 단단하게 만들어지면서 형성되는 암석
   b. 유연 암석 - 액체와 고체 사이의 형태처럼 행동하는 암석
   c. 단층 - 서로 다른 암석권과 연계하여 움직일 수 있는 두 개의 암석권의 경계면
   d. 진원지 - 지진의 진원 바로 위에 있는 지표면 지점

2. (5점 - 각 영역마다 1점씩)
   a. 지각
   b. 암류권
   c. 맨틀
   d. 외핵
   e. 내핵

3. (1점) 과학자들은 지진파를 관찰했다. 지진파를 관찰하면 맨틀과 핵의 구성과 속성에 대해 많은 것을 알아낼 수 있다. '지진파' 대신에 '음파' 나 '파동' 이라고 대답할 수도 있다.

4. (1점 - 각 영역당 1/2점씩) Moho는 지각과 맨틀 사이에 존재한다.

5. (1점) 지구의 자기장은 핵의 전기적 흐름으로 비롯된다.

6. (2점 - 각 이론에 1/2점, 가장 유요한 이론에 1점) 지구의 자기장을 설명하는 두 가지 이론에는 다이나모 이론과 고속—붕괴 이론이 있다. 이 중 과학적으로 더 정당한 것은 고속—붕괴 이론이다.

7. (1점) 지구의 자기장은 태양으로부터 오는 우주선을 차단한다.

8. (1점) 협곡은 한 개의 판이 다른 판과 상호작용한 장소였을 것이다. 특정 작용(격리나 제거)을 말할 수도 있으나 반드시 그렇지는 않다.

9. (1점) 판 경계면에서 가장 가까운 영역에 지진이 더 크게 발생하게 될 것이다.

10. (1점) 진도가 한 단계 올라갈 때마다 에너지는 32의 인수만큼 증가하게 된다. 지진과 여진의 진도의 차이는 2단계이므로 여진보다 지진이 32×32=1,024 배 더 많은 에너지를 방출하게 된다.

11. (1점) 화산과 돔모양산을 모두 예상할 수 있다.

12. (1점) 과학자들은 보통 이런 초 대륙을 '판게아' 라고 부른다.

총 점수 20점

단원7 시험지 해답

1. (5점 - 각 정의마다 1점씩)
   a. 원일점 - 지구가 태양에서 가장 멀리 있는 지점
   b. 근일점 - 지구가 태양에서 가장 가까이 있는 지점
   c. 코리올리 효과 - 지구의 회전이 바람, 바다의 흐름, 그리고 다른 위도 쪽으로 날린 물체의 경로를 바꾸는 방식
   d. 기단 - 비교적 균일한 압력, 온도, 습도를 가지고 있는 공기 덩어리
   e. 기상전선 - 두 기단 사이의 경계

2. (3점 - 각 구름 종류당 1점씩)
   a. 층운(난층운이나 층란운도 괜찮음)
   b. 권운
   c. 적운

3. (1점) 세 가지 요소는 열에너지, 열에너지의 불균형한 분포, 그리고 대기 중의 수증이다. 바람은 온도의 불균형으로 말미암아 발생되며, 온도의 차이는 열에너지가 불균형하게 분포되어 있기 때문이다.

4. (1점) 짙은 구름은 '난' 이라는 접두사나 '란' 이라는 접미사를 붙이면 된다. 따라서 적절한 용어는 적란운이나, 난적운이라고 할 수도 있다.

5. (1점) 일사량은 들어오는 태양의 방사, 광선을 말하는 것이다. 어떤 지역에 광선이 많이 가게 되면 따뜻해진다.

6. (2점 - 각 답당 1점씩) 북반구에서는 동지에서 하지까지 낮의 길이가 길어진다. 북반구가 태양을 향하기 시작하기 때문이다. 춘분에는 낮의 길이가 12시간이다. 낮의 길이는 동지가 지난 다음에 길어지기 시작하므로 낮의 길이는 동지에서 춘분까지 12시간 미만이다.

7. (1점) 북반구는 근일점에서 태양에서 먼 쪽을 향하고 있기 때문이다. 이는 태양과의 거리보다 더 큰 영향을 끼친다.

8. (1점) 코리올리 효과를 감안하여 북서쪽으로 발사해야 한다. 그림 7.8을 참조한다.

9. (2점 - 답당 1점씩) 코리올리 효과와 위도가 변함에 따른 공기에 의한 온도 변화가 글로벌 패턴에 영향을 미친다.

10. (1점) 국지풍이 글로벌 바람 패턴에 간섭하기 때문이다.

11. (1점) 이것은 대륙성 열대기단이다.

12. (1점) 이 구름이 보이는 것은 장기간의 가벼운 비를 가져오는 온난전선의 징후다.

총 점수 20점

단원8 시험지 해답

1. (2점 - 각 정의마다 1점씩)
   a. 상승기류 - 상승하는 공기의 흐름
   b. 절연체 - 전기를 잘 전도시키지 않는 물질

2. (1점) 베르예론 과정은 강수가 눈으로 시작하여 따뜻한 공기와 만나면 녹아서 비가 된다는 과정을 설명하는 것이므로 베르예론 과정이 맞다.

3. (3점 - 각 정의에 1점, 두 가지 인자에 1점씩) 이슬점은 수증기가 공기에서 지표면에 응결되는 온도를 말한다. 이것은 습도와 압력에 영향을 받는다.

4. (2점 - 단계에 1점, 우박이 있을 수 없다는 사실에 1점) 뇌우는 소실단계이며, 우박이 있으려면 상승기류가 형성되어야 하므로, 우박은 존재하지 않는다.

5. (1점) 이 뇌우는 각각 약 30분 미만의 격렬한 비를 내리게 하는 몇 개의 셀로 이루어져 있다.

6. (1점) 구름이 높지 않으면 번개를 발생시키는 전하 불균형이 일어날 수 없다. 전하 불균형은 떨어지는 빗방울이나 얼음 결정과 구름의 다른 물질들 사이에 수많은 충돌에 의해 발생한다고 했다. 높은 구름이 없다면, 전하 불균형이 발생할 만큼 충돌이 많이 발생하지 못한다.

7. (1점) 계단형 선도가 먼저 형성된다.

8. (1점) 번개는 번개가 지나가는 공기를 가열시킴으로써 천둥을 발생시킨다. 그 열은 우리가 소리로 감지할 수 있는 파동을 발생시킨다.

9. (1점) 판번개는 구름 사이 번개이므로 사람에게 떨어질 수 없다.

10. (1점) 그렇다. 지표면에 도달해 있다. 그것은 조직단계가 시작되었음을 의미하는 것이다.

11. (1점) 잠재 태풍의 등급을 구별하는 요소는 풍속이다.

12. (1점) 가장 고요한 영역은 태풍의 눈이다.

13. (1점) 두 도시는 같은 등압선 상에 있으므로, 대기압은 동일하다.

14. (1점) 시카고는 'L' 에서 3 등압선보다 멀리 있는데, 뉴욕은 'L' 에서 2와 3 등압선 사이에 있으므로, 시카고의 대기압이 더 높다.

15. (1점) 뉴욕은 한랭전선으로 말미암아 뇌우가 있었을 것으로 예상된다.

16. (1점) 휴스턴은 온난전선의 경로에 있으므로 휴스턴이 더 따뜻한 날씨가 예상된다.

총 점수 20점

단원9 시험지 해답

1. (5점 - 각 정의마다 1점씩)
   a. 기준점 - 위치가 측정되는 점
   b. 벡터량 - 방향 정보를 포함하고 있는 물리적인 값
   c. 스칼라량 - 방향 정보를 포함하고 있지 않은 물리적인 값
   d. 가속도 - 단위 시간 동안에 일어나는 속도의 변화율
   e. 자유낙하 - 어떤 물체가 중력의 영향을 받으며 단독으로 떨어질 때, 그 물체의 운동

2. (1점) 운동이 있으려면, 어떤 물체의 위치가 변해야 한다. 위치를 판단하려면 기준점이 있어야 한다. 기준점을 사용하면 위치가 변했는지의 여부를 판단할 수 있다.
   * 알아둘 점: '모든 운동은 상대적이다' 라는 대답은 1/2점으로 한다.

3. a. (1점) 여러분의 할머니는 여러분에게 상대적으로 운동하고 있다. 할머니가 한 자리에 서 있었지만, 여러분을 기준으로 했을 때 할머니의 위치는 변하고 있다. 따라서 할머니는 여러분에게 상대적으로 운동하고 있다.
   b. (1점) 여러분의 부모님은 여러분에게 상대적으로 운동하고 있지 않다. 여러분을 기준으로 했을 때 부모님의 위치는 변하지 않고 있다. 따라서 부모님은 여러분 관점에서는 움직이지 않고 있는 것이다.

4. (2점 - h로 변환하는 것에 1점, 속력에 1점) 문제에서 거리와 시간을 알려주었고, 그것으로 속력을 구하면 된다. 거리 단위를 시간 단위로 나눈 것은 속력이나 속도이다. 여기에는 방향이 없으므로 속력에 대한 것이다. 따라서 공식(9.1)을 사용하면 된다. 단, 문제에서는 단위를 miles/h로 구하라고 했다. 문제에서는 시간이 min으로 나와 있다. 따라서 먼저 시간 단위를 변환해야 한다.

$$\frac{30\cancel{\text{min}}}{1} \times \frac{1\text{h}}{60\cancel{\text{min}}} = 0.5\text{h}$$

속력 공식을 사용하며 문제를 풀면 다음과 같다.

$$\text{속력} = \frac{40\text{miles}}{0.5\text{h}} = 80\frac{\text{miles}}{\text{h}}$$

5. (2점 - s로 변환하는 것에 1/2점, m로 변환하는 것에 1/2점, 속력에 1점) 문제에서 속도를 구하라고 했으므로 속력과 방향을 모두 구해야 한다. 속력을 구하기 위해서는 공식(9.1)을 사용한다. 그러나 문제에서는 답을 m/s로 구하라고 했는데, 거리는 km로 나와 있고, 시간은 min으로 나와 있다. 따라서 먼저 단위를 변환해주어야 한다.

$$\frac{4.1\cancel{\text{min}}}{1} \times \frac{60\text{s}}{1\cancel{\text{min}}} = 246\text{s}$$

$$\frac{1\cancel{\text{km}}}{1} \times \frac{1{,}000\text{m}}{1\cancel{\text{km}}} = 1{,}000\text{m}$$

이제 속력 공식을 사용하여 풀 수 있다.

$$\text{속력} = \frac{1{,}000\text{m}}{246\text{s}} = 4.07\frac{\text{m}}{\text{s}}$$

이것이 답이 아니다. 문제에서 속도를 구하라고 했으므로 방향도 함께 구해야 한다. 따라서 답은 서쪽으로 4.07m/s이다. 소수점 자리가 더 많은 답을 구했을 수도 있다.

6. a.(1점) 이 값은 거리 단위를 시간 단위로 나눈 것이다. 그것은 속력이나 속도이다. 방향이 주어져 있지 않으므로, 속력이다.
   b. (1점) ft 단위 자체는 거리 단위이다.
   c. (1점) 이 값은 거리 단위를 시간 단위로 나눈 것이다. 그것은 속력이나 속도이다. 방향이 주어여 있으므로, 속도이다.
   d. (1점) 이 값은 거리 단위를 시간 단위의 제곱으로 나눈 것이다. 그것은 가속도이다. 가속도는 벡터량이므로 방향이 있어야 한다.

7. (2점 - 속력에 1점, 방향에 1점) 그림에서 볼 수 있듯이, 독수리가 토끼 뒤에 있지만, 독수리와 토끼는 같은 방향으로 이동하고 있다. 따라서 그들의 각 속도를 서로 빼면 상대 속도를 구할 수 있다.

   상대 속도 = 5.4m/s - 4.4m/s = 1.0m/s

   토끼가 독수리보다 더 빠르게 이동하고 있으므로 토끼는 멀어지고 있다. 따라서 상대 속도는 서로 멀어지는 방향으로 1.0m/s이다.

8. (1점) 속도가 변하지 않고 있으므로, 가속도는 0이다.

9. (2점 - 값에 1점, 방향에 1점) 초기 속도는 북쪽으로 12m/s이고, 최종 속도는 0이다. 시간은 3초이다. 이것은 공식(9.2)을 사용하는 문제이다.

$$\text{가속도} = \frac{\text{최종 속도} - \text{초기 속도}}{\text{시간}}$$

$$\text{가속도} = \frac{0\frac{\text{m}}{\text{s}} - 12\frac{\text{m}}{\text{s}}}{3\text{s}} = \frac{-12\frac{\text{m}}{\text{s}}}{3\text{s}} = -4\frac{\text{m}}{\text{s}^2}$$

음의 부호는 가속도가 속도의 반대 방향이라는 것을 의미한다. 따라서 가속도는 남쪽으로 $4m/s^2$이다.

10. (3점 - 변환에 1점, 값에 1점, 방향에 1점) 시간(5초), 초기 속도(0), 최종 속도(60miles/h, 북쪽)를 알고 있으므로 공식(9.2)을 사용하여 풀면 된다. 그러나 시간 단위가 일치하지 않기 때문에 아직 공식을 사용할 수는 없다. 먼저 단위를 일치시켜야 한다.

$$\frac{5\cancel{s}}{1} \times \frac{1h}{3,600\cancel{s}} = 0.00139h$$

이제 모든 시간 단위가 일치하므로, 가속도 공식을 사용하여 풀 수 있다.

$$가속도 = \frac{최종\ 속도 - 초기\ 속도}{시간}$$

$$가속도 = \frac{60\frac{miles}{h} - 0\frac{miles}{h}}{0.00139h} = \frac{60\frac{miles}{h}}{0.00139h} = 43,165\frac{miles}{h^2}$$

자동차의 속력이 빨라지고 있으므로, 가속도는 속도와 같은 방향이다. 따라서 답은 북쪽으로 $43,165 miles/h^2$이다. 답은 학생이 어디서 반올림했는지에 따라 달라질 수 있음을 알아두도록 하자.

11. (1점) 어떤 물체의 가속도도 더 크지 않다. 두 물체는 지표면 근처에서 떨어졌으므로, 이들은 자유낙하를 하고 있었다고 할 수 있다. 즉, 두 물체는 같은 가속도를 가지고 있었다는 것이다. 공에 더 많은 초기 속도가 가해졌으므로, 더 빠르게 이동했을 것이다. 그러나 가속도는 동일하다.

12. (1점) 깃털이 바위보다 공기 저항에 더 많은 영향을 받는다. 이것은 실험 9.2와 같은 상황이다.

13. (2점 - 공식을 적절하게 사용하는 것에 1점, 올바른 답에 1점) 바위는 자유낙하하고 있으므로, 공식(9.3)을 사용할 수 있다. 문제에서 답을 ft로 구하라고 했으므로, 가속도로 $32ft/s^2$를 사용해야 한다.

$$거리 = \frac{1}{2} \times (가속도) \times (시간)^2$$

$$거리 = \frac{1}{2} \times (32\frac{ft}{s^2}) \times (1.3s)^2 = \frac{1}{2} \times (32\frac{ft}{s^2}) \times (1.3s) \times (1.3s)$$

$$거리 = \frac{1}{2} \times (32\frac{ft}{\cancel{s^2}}) \times (1.69\cancel{s^2}) = 27.04ft$$

다른 곳에서 반올림할 수도 있다는 것을 유념하도록 하자.

총 점수 28점

단원10 시험지 해답

1. (4점 - 각 정의마다 1점씩)
   a. 관성 - 어떤 물체가 자신의 운동 상태를 지속하려는 성질
   b. 마찰력 - 두 표면의 접촉으로 생기는 운동을 방해하는 힘
   c. 운동 마찰 - 운동이 시작되었을 때 운동을 방해하는 마찰
   d. 정지 마찰 - 운동의 시작을 방해하는 마찰

2. (3점 - 각 법칙당 1점씩)
   뉴턴의 운동 제1법칙 - 운동하는(또는 정지되어 있는) 물체는 외부의 힘에 영향을 받지 않으면 계속해서 운동하려고(또는 정지하려고) 한다.
   뉴턴의 운동 제2법칙 - 어떤 물체가 하나 이상의 외력에 의해 영향을 받았을 때 총힘은 그 물체의 질량 곱하기 그 힘에 의한 가속도와 같다.
   뉴턴의 운동 제3법칙 - 모든 작용에는 그와 동일하면서 반대인 반작용이 있다.

3. (1점) 조종사는 비행기가 비행장 위에 도달하기 전에 폭탄을 투하해야 한다. 폭탄이 투하되었을 때의 속도는 비행기의 속도와 같으므로, 이들은 떨어지면서 계속해서 북쪽으로 날아가려고 한다. 폭탄이 비행상을 낮출 수 있으려면 비행장에서 좀 더 남쪽에서 투하해야 한다.

4. (1점) 쥐는 디스크에서 미끄러지면서 직진 방향으로 이동하게 된다. 이것은 실험 10.2와 같은 것이다. 디스크를 정지시켰을 때 쥐는 어떤 방향으로의 속도를 가지고 있다. 충분한 시간이 없으면, 마찰력이 쥐를 디스크 위에 있도록 만들 수가 없다. 그리고 쥐는 디스크가 정지하기 직전에 이동했던 방향으로 직선으로 움직이기 시작하게 된다.

5. (1점) 마찰을 무시한다고 했으므로, 쉽게 풀 수 있다.

   $$\text{총힘} = (\text{질량}) \cdot (\text{가속도})$$

   $$\text{총힘} = (1.0\text{kg}) \cdot \left(4.0 \frac{\text{m}}{\text{s}^2}\right) = 4.0\text{N}$$

   얼음 소각은 접시를 4.0N의 힘으로 누르고 있다.

6. (1점) 야구 선수의 속도는 북쪽 방향이지만, 가속도는 남쪽 방향이므로 야구 선수의 속도는 느려지고 있다. 마찰은 운동을 저지하는 힘이다. 야구 선수에게 다른 어떤 힘이 가해지지 않았으므로, 그 마찰력이 문제에 나오는 유일한 힘이다. 따라서 가속도 말미암아 발생되는 힘은 마찰력이다.

$$총힘=(질량)\cdot(가속도)$$

$$총힘=(75kg)\cdot\left(5.0\frac{m}{s^2}\right)=375N$$

따라서 마찰력은 남쪽으로 375N이다.

7. (2점 - 힘에 1점, 정지 마찰력이라는 사실에 1점) 카트가 일정한 속도로 움직이고 있으므로, 가속도(그리고 총힘)는 0이다. 따라서 이 사람은 마찰력을 이길 수 있는 충분한 힘으로 밀고 있는 것이다. 즉, 마찰력은 카트의 운동을 저지하는 방향으로 200N이다. 카트는 움직이고 있으므로 이것은 운동 마찰력이다.

8. (1점) 정적 마찰력은 일반적으로 운동 마찰력보다 크므로, 11N은 정지 마찰력이고 8N은 운동 마찰력이다.

9. (3점 - 상자를 움직이게 만드는 힘에 1점, 총힘에 1점, 답에 1점) 정지 마찰력이 20N이라고 했으므로, 여인은 그 힘을 이겨낼 수 있을 정도의 힘을 가해야 한다. 상자를 움직이려면, 20N 보다 큰 힘을 가해야 한다. 상자가 움직인 다음에는 가속도가 $1.0m/s^2$라고 했으므로 총힘은 다음과 같다.

$$총힘=(질량)\cdot(가속도)$$

$$총힘=(30kg)\cdot\left(1.0\frac{m}{s^2}\right)=30N$$

이 힘은 여인의 힘과 운동 마찰력(7N)의 합이다. 운동 마찰력은 운동을 저지하고 있으므로, 여인의 힘에 반대가 된다. 따라서 총힘은 여인의 힘에서 마찰력을 뺀 것과 같다.

$$여인의\ 힘 - 7N = 30N$$

따라서 총힘이 30N이 되려면 여인의 힘은 서쪽으로 37N이어야 한다.

10. (1점) 공은 배트에 어떤 힘을 가한다. 이것은 뉴턴의 운동 제3법칙에 따라 요구되는 크기는 같고 방향은 반대인 힘이다.

총 점수 18점

단원11 시험지 해답

1. (2점 - 각 화살표마다 1점씩) 원 운동에서 속도는 항상 이동 방향의 직선 방향이며, 힘은 원의 중심을 향하는 구심력이다.

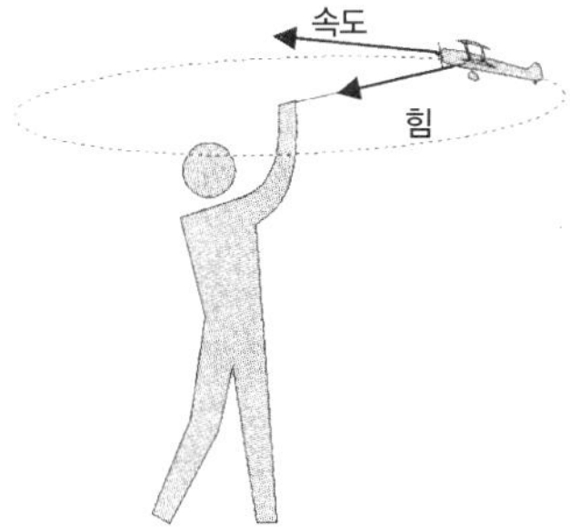

2. (1점) 기본적인 힘들 중 가장 약한 힘은 인력이다.

3. (1점) 공은 지구에 크기는 같으면서 방향은 반대인 힘을 가하고 있다.

4. (2점 - 각 질량 변화의 영향에 대해 1/2점, 답에 1점) 5kg의 질량을 20kg의 질량으로 바꾸면 질량은 4배가 된 것이다. 그러면 인력도 4배가 된다. 2kg의 질량을 12kg의 질량으로 바꾸었으니 질량은 6배가 된 것이다. 그러면 인력도 6배가 된다. 총 변화는 4×6=24이다. 그러므로 인력은 이전보다 24배 더 커진다.

5. (2점 - 거리가 변한 인자를 찾는 것에 1점, 답에 1점) 바뀐 것은 물체 사이의 거리가 3배로 멀어졌다는 것이다. 물체 사이의 거리가 멀어지면 인력은 감소한다. 인력은 증가한 거리의 제곱만큼 감소한다. 따라서 힘은 3^2, 즉 9로 나뉘어야 한다. 그러므로 인력은 이전보다 9배 작아진다.

6. (1점) 첫 번째 달이 공전하는데 더 짧은 시간이 걸리므로 더 빠르게 이동한다. 원운동에서는 속력이 빠를수록 필요한 구심력이 더 커진다. 중력이 궤도에 구심력을 주고 있다. 따라서 첫 번째 달이 더 큰 인력을 경험하게 된다.

7. (2점 - 각각 1/2점씩) 목성, 토성, 천왕성, 해왕성

8. (1점) 태양과의 거리가 가장 먼 행성이 가장 적은 일사량을 받고 있다. 따라서 답은 해왕성이다.

9. (1점) 혜성 궤도는 보통 타원형이며, 태양에 가까워질수록 더 쉽게 볼 수 있다. 따라서 답은 (c)이다.

10. (1점 - 각각 1/2점씩) 태양과의 거리에 따라 있기도 하고 없어지기도 하는 것은 코마와 꼬리이다.

11. (1점, 그냥 '혜성' 이라고 답한 경우는 1/2점) 카이퍼 띠는 단기간 혜성의 근원으로 여겨지고 있다.

12. (1점) 중력자 이론에서는 중력이 입자의 교환에 의해 발생된다고 설명한다.

13. (1점) 일반상대성이론에서는 중력이 실제로 힘이 아니라고 설명하고 있으므로, 그것이다. 일반상대성이론에서는 중력은 질량이 공간과 시간을 휘었기 때문에 발생하는 것이라고 설명한다.

총 점수 17점

단원12 시험지 해답

1. (7점 - 각 정의마다 1점씩)
   a. 광자 - 입자처럼 행동하는 빛의 작은 에너지 다발
   b. 전도에 의한 대전 - 이미 전하를 가지고 있는 물체에 어떤 물체가 닿음으로써 대전되는 것
   c. 유도에 의한 대전 - 물체와 전사 사이에 직접적인 접촉 없이 물체가 대전되는 것
   d. 전류 - 초 당 전기 회로에 고정된 점을 지나는 전하의 양
   e. 약정 전류 - 건전지의 양극에서 음극으로 흐르는 전류. 이것은 잘못된 것이지만, 회로도를 그릴 때 전류를 그리는 방식이다.
   f. 저항 - 금속이 전하의 흐름을 방해하는 능력
   g. 개방회로 - 전원의 양 쪽 사이가 완전히 연결되어 있지 않은 회로. 전류가 흐르지 않음.

2. (1점) 반대 전하는 서로를 끌어당긴다. 따라서 서로 끌어당기는 힘이 발생한다.

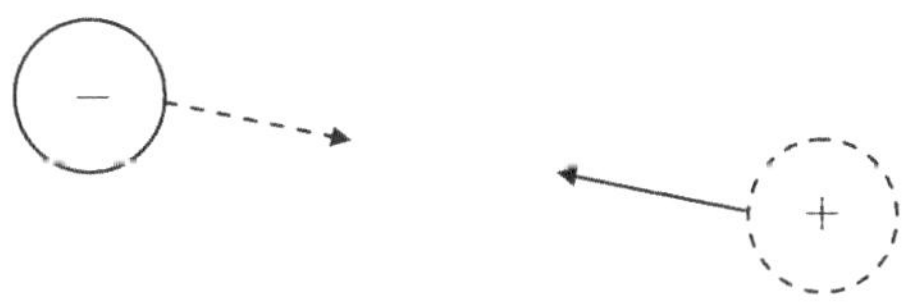

3. (2점 - 인자에 1점, 반발력이라는 사실에 1점) 전자기력은 자석 사이의 거리의 제곱에 반대로 달라진다. 따라서 거리가 두 배가 되면, 힘은 4의 인수만큼 감소하게 된다. 극이 같으므로, 반발력이다.

4. (1점) 물체는 반대 전하의 막대로 대전되었다. 즉, 물체는 유도에 의해 대전된 것이다.

5. (1점 - 그렇다는 대답에 1/2점, 이유에 1/2점) 낮은 전압이라는 것은 각 전자가 아주 적은 양의 에너지를 가지고 있다는 것이다. 그러나 회로를 통과하는 전류가 많으면, 회로에 많은 양의 에너지가 있을 수 있는 것이다.

6. (1점) 오른쪽 손에 있던 코드가 더 두껍다. 코드가 두꺼울수록 저항이 더 약하다. 저항이 낮을수록 열은 더 적게 발생한다.

7. (1점) 약정 전류는 건전지의 양극에서 음극으로 흐른다. 실제 전자의 흐름은 그 반대 방향이다.

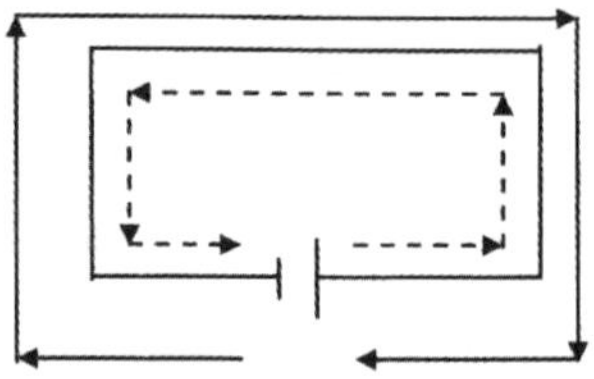

8. (1점) 전구들은 병렬로 연결되어 있다.

9. (1점) 그 물체는 자석이 아니다.

10. (1점) 두 개의 북극과 두 개의 남극이 존재하게 된다. 자석을 자르자마자, 각 극은 변하게 된다. 어떤 자석도 한 개의 극만 존재할 수는 없기 때문에, 북극은 북극과 남극이 있는 자석으로 바뀌고, 남극도 북극과 남극이 있는 자석으로 바뀐다. 따라서 두 개의 자석을 갖게 되며, 그 자석은 모두 북극과 남극을 갖게 된다.

총 점수 17점

단원13 시험지 해답

1. (6점 - 각 정의마다 1점씩)
   a. 핵 - 양성자와 중성자가 있는 원자의 중심부
   b. 원자번호 - 원자 하나에 있는 양성자의 개수
   c. 질량수 - 원자의 핵에 있는 양성자와 중성자 개수의 합
   d. 동위원소 - 양성자의 개수는 같으나 중성자의 개수가 다른 원소
   e. 원소 - 같은 수의 양성자를 가지는 원자들의 집합
   f. 방사성 동위원소 - 안정적이지 않은 핵을 가지고 있는 원소

2. (2점 - 각 답당 1점씩) 양성자가 전자보다 더 크다. 전자는 음극 전하를 띤다.

3. (1점 - 각 답당 1/2점씩) 핵력은 파이온의 교환에 의해 발생된다. 파이온은 단기간 동안만 존재할 수 있기 때문에 핵력은 매우 짧은 범위의 힘이다.

4. a. (1점 - 각 답당 1/3점씩) 화학 기호가 Ca이므로 주기율표에서 원자가 20개의 양성자를 가지고 있음을 알 수 있다. 이는 전자의 개수도 20개라는 것을 의미한다. 질량수는 핵에 있는 양성자와 중성자의 합이다. 따라서 중성자의 개수는 28개이다.
   b. (1점 - 각 답당 1/3점씩) 화학 기호가 Sn이므로 주기율표에서 원자가 50개의 양성자를 가지고 있음을 알 수 있다. 이는 전자의 개수도 50개라는 것을 의미한다. 질량수는 핵에 있는 양성자와 중성자의 합이다. 따라서 중성자의 개수는 74개이다.
   c. (1점 - 각 답당 1/3점씩) 화학 기호가 Ag이므로 주기율표에서 원자가 47개의 양성자를 가지고 있음을 알 수 있다. 이는 전자의 개수도 47개라는 것을 의미한다. 질량수는 핵에 있는 양성자와 중성자의 합이다. 따라서 중성자의 개수는 62개이다.

5. (2점 - 양성자의 알맞은 개수에 1/2점, 중성자의 알맞은 개수에 1/2점, 전자의 알맞은 배치에 1점) 'Na' 라는 기호를 가지고 있는 모든 원자는 주기율표에 따르면 11개의 양성자를 가지고 있다. 이는 전자의 개수도 11개라는 것을 의미한다. 11개의 전자 중 2개는 첫 번째 보어 궤도에 배치할 수 있고, 8개는 두 번째 보어 궤도에 배치할 수 있다. 남은 한 개의 전자는 세 번째 보어 궤도에 배치할 수 있다. 질량수로 중성자의 개수는 12개라는 것을 알 수 있다.

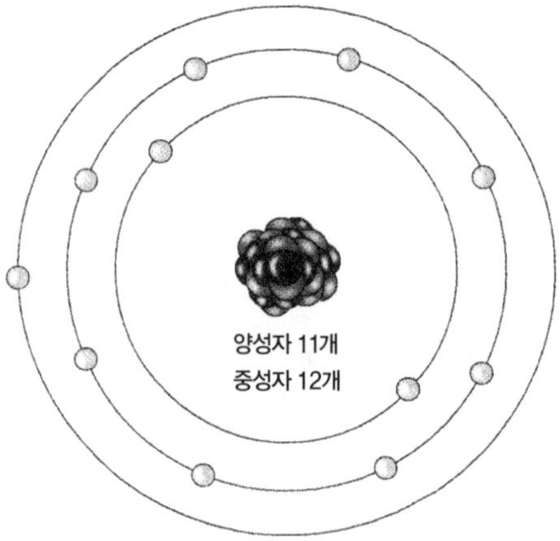

6. (1점 - 각 답당 1/2점씩. 잘못된 답을 골랐을 때마다 한 개 당 1/2점씩 감점. 단 0이 최하 점수임) 동위원소는 양성자의 개수는 같으나 중성자의 개수가 다른 원자를 말한다. 화학 기호를 보면 양성자의 개수를 알 수 있으므로, 화학 기호가 같으나 질량수가 다른 원자를 찾으면 된다. 그러한 원자는 ^{144}Nd와 ^{145}Nd이다.

7. (1점) 처음 세 시간 후에는 30g의 샘플이 15g으로 줄어든다. 그다음 3시간 후에는 7.5g이 된다. 그다음 3시간 후에는 3.75g이 된다. 그다음 3시간 후에는 1.875g이 된다. 그다음 3시간 후에는 0.9375g이 된다.

8. (1점) ^{144}Ce는 주기율표에 따라 58개의 양성자를 가지고 있다. 이는 중성자의 개수가 86개라는 것을 의미한다. 베타 붕괴 후에는 중성자 하나가 양성자 하나로 변하게 된다. 그러면 양성자의 개수는 59개, 중성자의 개수는 85개가 되며, 이는 ^{144}Pr이다.

9. (1점) ^{220}Rn는 주기율표에 따라 86개의 양성자를 가지고 있다. 이는 중성자의 개수가 134개라는 것을 의미한다. 알파 붕괴 후에는 핵이 2개의 양성자와 2개의 중성자를 잃게 된다. 그러면 양성자의 개수는 84개, 중성자의 개수는 132개가 되며, 이는 ^{216}Po이다.

10. (1점) 감마 붕괴 후에는 양성자의 개수와 중성자의 개수가 붕괴 이후에도 변함이 없게 된다. 따라서 딸핵종은 원래의 ^{239}U와 같다.

11. (1점) 알파 입자로부터만 보호받을 수 있다.

총 점수 20점

단원14 시험지 해답

1. (5점 - 각 정의마다 1점씩)
   a. 횡파 - 파동의 진행 방향과 매질의 진동 방향이 수직인 파동
   b. 종파 - 파동의 진행 방향과 매질의 진동 방향이 나란한 파동
   c. 초음속 - 어떤 성분에서의 음속보다 빠른 속력
   d. 충격 음파 - 마하 1이나 그 이상의 속력으로 이동하는 물체에 의해 발생되는 소리
   e. 피치 - 소리의 높고 낮음을 나타내는 것으로 주로 음파의 주파수에 의해 결정됨

2. (1점) 낮은 피치라는 것은 주파수가 낮다는 것을 의미한다. 파장과 주파수는 반비례하므로, 낮은 주파수라는 것은 긴 파장을 의미한다. 따라서 두 번째 리코더(더 긴 리코더)가 더 낮은 음을 낼 수 있다.

3. (1점) 우주에는 공기가 없기 때문에 소리를 질러도 들을 수 없다. 진동을 전달하기 위한 매개체가 없기 때문에 음파가 전달될 수 없다.

4. (1점) 음파는 종파이다. 즉, 음파는 이동하는 방향에 평행하게 진동한다는 것이다.

5. (1점) 음속은 공식(14.2)로 구할 수 있다.

$$v=(331.5+0.6\cdot 25)\frac{m}{s}$$

$$v=(331.5+15)\frac{m}{s}$$

$$v=346.5\frac{m}{s}$$

6. (2점 - 속력에 1점, 답에 1점) 주파수를 구하려면 공식(14.1)을 사용해야 한다. 그러나 그 공식을 사용하려면 먼저 속력과 파장을 알아야 한다. 파장은 주어져 있으므로(2m), 공식(14.2)을 사용하여 온도로부터 속력을 구할 수 있다.

$$v=(331.5+0.6\cdot 17)\frac{m}{s}$$

$$v=(331.5+10.2)\frac{m}{s}$$

$$v=341.7\frac{m}{s}$$

이제 속력을 알았으니, 공식(14.1)을 사용할 수 있다.

$$f=\frac{v}{\lambda}$$

$$f=\frac{341.7\frac{\cancel{m}}{s}}{2\cancel{m}}=170.85\frac{1}{s}$$

따라서 주파수는 170.85Hz이다.

7. (1점) 초저주파가 가장 낮은 주파수를 가지고 있고, 음파는 그보다 높은 주파수를 가지며, 초고주파가 가장 높은 주파수를 가지고 있다. 주파수와 파장은 반비례하므로, 초저주파가 가장 긴 파장을 가지고 있다.

8. (2점 - 속력에 1점, 답에 1점) 거리를 구하기 위해서는 번개가 치는 시간과 소리를 들은 시간의 차이를 사용해야 한다. 이때, 번개가 침과 동시에 그 번개를 보았다고 가정한다. 따라서 소리를 듣기까지 걸린 시간이 거리를 결정한다. 먼저 음속을 구해야 한다.

$$v=(331.5+0.6\cdot 10)\frac{m}{s}$$

$$v=(331.5+6)\frac{m}{s}$$

$$v=337.5\frac{m}{s}$$

이제 공식(14.3)을 사용하여 풀 수 있다.

이동 거리=(속력)×(걸린 시간)

이동 거리$=(337.5\frac{m}{\cancel{s}})\times 2\cancel{s}=675m$

9. (1점) 음파는 기체에서보다 액체에서 더 빠르게 전달된다. 따라서 소리는 물에서 더 빠르게 이동할 것이다.

10. (2점 - 각 답당 1/2점씩) 남자가 낮은 음을 부르고 있었으므로, 남자의 음파가 더 낮은 주파수를 가지고 더 긴 파장을 가지고 있다. 소리의 속력은 매개체와 온도에 따라 달라진다. 따라서 남자의 음파 속력은 여자의 음파 속력과 같다. 그리고 진폭은 크기를 결정한다. 따라서 남자 음파의 진폭이 더 작다.

11. (2점 - 음속에 1점, 답에 1점) 제트기의 속력을 구하려면 먼저 음속을 구해야 한다. 마하 3이라는 것은 음속의 3배를 말하는 것이다. 따라서 제트기의 속력을 구하려면 음속을 알아야 한다.

$$v=(331.5+0.6 \cdot 10)\frac{m}{s}$$

$$v=(331.5+6)\frac{m}{s}$$

$$v=337.5\frac{m}{s}$$

소리는 337.5m/s로 이동하기 때문에 마하 3은 3 × (337.5m/s) = 1,012.5m/s이다.

12. (1점) 사이렌의 피치가 더 높아졌기 때문에, 음파의 파장이 더 작아지는 방향으로 이동하고 있다는 것이다. 즉, 사이렌 쪽으로 향하고 있다는 말이 된다. 그러면 정지해 있을 때보다 더 빠르게 음파의 마루를 만나게 된다.

13. (2점 - 각 변환당 1/2점, 답에 1점) 벨 단위가 하나 올라갈 때마다 음파의 강도는 10의 인수만큼 증가한다. 따라서 증폭하기 전과 후의 벨 단위를 구해야 한다.

$$\frac{30\cancel{dB}}{1} \times \frac{0.1B}{1\cancel{dB}} = 3B$$

$$\frac{80\cancel{dB}}{1} \times \frac{0.1B}{1\cancel{dB}} = 8B$$

증폭기를 통과한 다음 소리는 5벨이 더 커졌으므로, 음파의 강도는 10의 5인수만큼 증가한 것이다. 음파의 강도는 이전과 비교했을 때 10×10×10×10×10=100,000배 더 커졌다.

총 점수 22점

단원15 시험지 해답

1. (2점 - 각 정의마다 1점씩)
   a. 전자기파 - 진동하는 전장과, 그 전장에 수직으로 진동하는 자장으로 이루어진 횡파
   b. 반사의 법칙 - 반사각과 입사각은 같다.

2. (3점 - '패킷' 이나 '입자' 라는 개념에 1점, 횡파라는 개념에 1점, 전기적 진동과 자기적 진동이 모두 존재한다는 사실에 1점) 빛은 각각 패킷으로 이루어져 있다. 각 패킷은 수직 방향인 두 개의 횡파로 이루어져 있다. 하나는 전장을 진동시키며, 다른 하나는 자장을 진동시킨다.

3. (1점) 빛은 기체에서보다 고체에서 더 천천히 이동한다. 따라서 빛은 유리창에 들어갔을 때 더 천천히 이동하게 된다.

4. (1점) 노란색 빛은 초록색 빛보다 더 긴 파장을 가지고 있다. 따라서 초록색 빛이 더 높은 주파수를 가진다.

5. (1점) 전파가 더 긴 파장을 가지고 있다.

6. (3점 - 수조로 처음 굴절하는 데 1점, 오른쪽으로 반사하는데 1점, 오른쪽으로 굴절하는데 1점) 광선이 수조에서 굴절할 때 광선은 수직선 방향으로 휘어지게 된다. 그리고 반사되는 광선도 있다. 그러나 그것은 문제의 답과 관련되지 않는다. 광선이 다른 쪽에 도달하게 되면, 그 일부분은 밖으로 굴절되어 수직선에서 멀어지는 방향으로 휘어지게 된다. 그 나머지는 반사된다. 모두 맞추려면, 수조를 떠나는 광선이 수직선에서 멀어지는 방향으로 휘어지도록 그려야 하며 반사되는 광선은 입사각과 같은 각도로 반사되도록 그려야 한다. 이 문제를 4점짜리로 할 수도 있다. 그 경우에는 굴절된 광선에 1점, 수직선에서 멀어지는 방향으로 휘어진 것에 1점, 반사된 광선에 1점, 올바른 반사각에 1점이 된다.

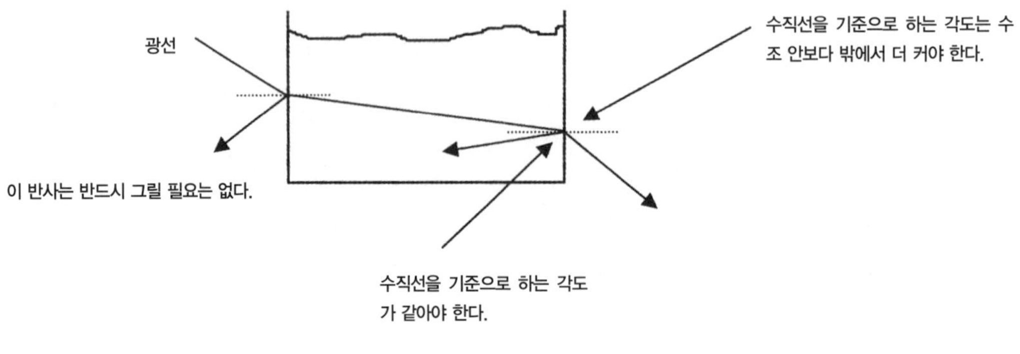

7. (1점) 동전은 실제로 3ft 앞에 있는 것이 아니다. 그 이유는 동전으로부터의 빛이 수영장을 떠날 때 휘어졌기 때문이다. 그것이 가상의 영상을 만드는 것이다. 동전은 그보다 약간 더 가까이 있다.

8. (1점) 볼록 렌즈를 사용해야 한다. 오목 렌즈는 광선이 서로 멀어지게 만드는 것으로, 한 점으로 모이게 되지 않는다.

9. (1점) 초점을 바꾸기 위해서 눈은 렌즈의 모양을 바꾼다.

10. (1점) 컴퓨터 화면은 빛을 비추는 것이므로 색이 더해진다. 따라서 청록색 도트를 보게 된다.

11. (1점) 청록색 물감은 파란색과 초록색을 제외한 모든 색을 흡수한다. 따라서 흰색 빛을 청록색에 비추면 파란색과 초록색 빛만 반사된다. 그래서 청록색이 보여지는 것이다. 이와 마찬가지로, 자주색 물감은 파란색과 빨간색을 제외한 모든 색을 흡수한다. 그러므로 이 둘을 혼합하면 파란색을 제외한 모든 색이 흡수될 것이다. 따라서 물감은 파란색이 된다.

12. (1점) 노란색은 빨간색과 초록색을 제외한 모든 색을 흡수한다. 따라서 빨간색 빛이 반사될 것이다. 반사되는 색은 그것뿐이므로 빨간색으로 나타난다.

총 점수 17점

단원16 시험지 해답

1. (7점 - 각 정의마다 1점씩)
   a. 핵융합 - 두 개 이상의 작은 핵이 융합되어 더 큰 핵이 만들어지는 작용
   b. 핵분열 - 큰 핵이 더 작은 핵들로 분열되는 작용
   c. 임계 질량 - 연쇄 반응이 지속되는데 필요한 동위원소의 양
   d. 절대 등급 - -8에서 +19의 단위로 거리 요소에 대해 보정한 별의 밝기, 수가 작을수록 별이 더 밝다.
   e. 시 등급 - 밤하늘에 보이는 것과 같은 별의 밝기, 수가 작을수록 별이 더 밝다.
   f. 광년 - 빛의 빠르기로 1년 동안 직진으로 이동할 수 있는 거리
   g. 은하 - 중력장을 통해 서로 상호작용하고 있고, 공통의 중심을 돌고 있는 거대한 별들의 집합체

2. (1점) 핵융합은 태양의 핵에서 발생한다.

3. (1점) 그것은 핵융합이다. 두 개의 작은 핵이 반응하여 더 큰 핵이 되었기 때문이다.

4. (1점) 양수를 얻게 된다. 핵분열과 핵융합에서는 질량이 에너지로 변환된다. 따라서 생성된 물질의 질량은 처음 물질 재료의 질량보다 더 적을 것이다.

5. (2점 - 일어날 수 없다는 사실에 1점, 그 이유에 1점) 일어날 수 없다. 핵발전소는 임계 질량보다 훨씬 더 많은 큰 핵을 가지고 있지 않기 때문이다.

6. (4점 - 각 문자당 1점) 등급과 분광 문자를 사용하여 구별해보면 다음과 같이 된다.

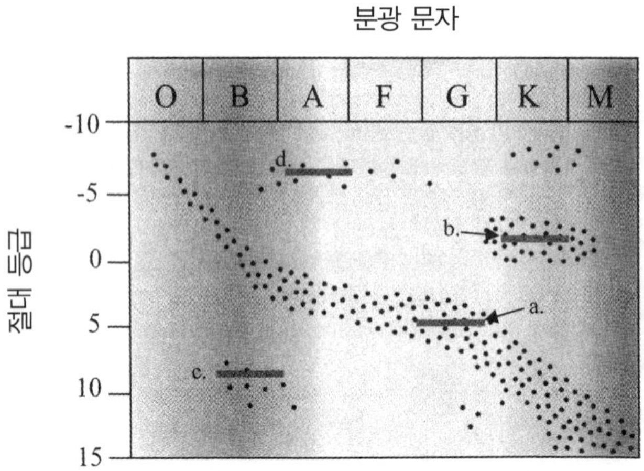

이것으로 다음을 알 수 있다.

a. 주계열

b. 적색 거성

c. 백색 왜성

d. 초거성

7. (1점) 가장 밝은 별은 등급이 가장 낮은 별이다. 따라서 (d)가 가장 밝은 별이다.

8. (1점) 가장 뜨거운 별은 H-R 도의 왼쪽에서 가장 멀리 있는 별이다. H-R 도의 왼쪽에서 멀어질수록 온도가 상승하기 때문이다. 따라서 (c)가 가장 뜨거운 별이다.

9. (1점 - 각 답당 1/2점씩) 변광성의 주요 두 가지 종류는 신성과 맥동 변광성이다.

10. (2점 - 무엇인지에 1점, 이유에 1점) 케페우스형 변광성은 등급과 주기가 직접적인 관계를 가지고 있는 변광성이다. 그 관계를 사용하여 우주에서의 먼 거리를 측정할 수 있기 때문에 이들은 천문학에서 중요하다.

11. (2점 - 각 답당 1점씩) 지구의 태양계는 은하계에 속하며, 그것은 나선형 은하이다.

12. (1점) 적색편이는 다른 은하에서 지구로 들어오는 빛이 원래보다 더 긴 파장을 갖게 되는 현상을 말한다. 대부분의 천문학자들은 이를 우주 팽창에 따른 도플러 효과로 해석하고 있다.

총 점수 24점

【종합 문제】· 해답편

종합 문제 1

1. 다음 용어를 정의하시오.

a. 분자	b. 상대 습도
c. 기압계	d. 제트 기류
e. 용매	f. 응집력

2. 어떤 물체의 부피를 측정하려면 어떤 단위를 사용해야 하는가? 미터법 단위와 영국식 단위를 말하시오.

3. 12m는 몇 cm인가?

4. 어떤 물체의 질량이 75g이라면 몇 kg인가?

5. 0.5L의 우유는 몇 gal인가? (1gal = 3.78L)

6. 두 가지의 다른 세제가 정확하게 같은 활성 성분을 가지고 있다. 하나는 '산업용 강도' 로 '일반용 강도' 보다 훨씬 더 효과적으로 세척되는 기능을 가지고 있다. 이들이 정확하게 같은 활성 성분을 가지고 있다면, 무엇이 다른 것인가?

7. 온실효과란 무엇이며, 그것이 지구에서 중요한 이유는?

8. 상대 습도가 100%일 때 물이 담긴 컵을 밖에 놔두면, 물이 얼마나 빨리 증발되겠는가?

9. 사람이 땀을 흘리면 냉각되는 이유는?

10. 우리가 들이마시는 공기 대부분은 무엇으로 구성되어 있는가?

11. 우리가 내뱉는 공기에는 산소가 더 많은가? 이산화탄소가 더 많은가?

12. 오늘날의 공기와 30년 전의 공기 중 무엇이 더 깨끗한가?

13. 공장이나 자동차에서 생성될 수 있는 오존의 양을 제한하는 법을 만든 이유는 무엇인가? 오존은 태양이 보내는 자외선으로부터 우리를 보호해주는데, 오존을 가능한 더 많이 생성시키지 않는 이유는 무엇인가?

14. 해발 평균 대기압이 제곱 인치 당 14.7 파운드라고 한다. 이는 수은의 29.9inch와 같은 것이다. 대기압이 1.04atm이라면, 일기 예보 때 보도되는 대기압은 다음 값 중 어느 것이겠는가?

① 수은 31.1inch ② 수은 29.9inch ③ 수은 25.4inch

15. 두 개의 유리병에 다른 고도에서 채취한 공기 샘플이 들어 있다. 첫 번째 샘플은 21%가 산소, 78%가 질소, 기타가 1%로 이루어져 있고, 두 번째 샘플은 95%가 헬륨, 4%가 수소, 1%가 기타였다. 이들 중 균질권에서 채취한 공기는 어느 것인가?

16. 균질권의 세 가지 영역을 낮은 곳부터 높은 곳 순서대로 나열하시오.

17. 균질권의 영역 중 고도가 올라갈수록 온도가 낮아지는 영역은? 그리고 고도가 올라갈수록 온도가 상승하는 영역은?

18. 균질권의 영역 중 지구의 대부분의 기상 현상이 일어나는 영역은?

19. 두 개의 액체 샘플이 있다. 첫 번째 샘플은 두 번째 샘플보다 온도가 훨씬 높다. 분자가 더 느리게 운동하고 있는 샘플은 어느 것이겠는가?

20. '오존 구멍' 이 남극 대륙에 국한되어 있는 계절적 현상인 이유는 무엇인가?

21. 스토브나 난로에서 연소하는 천연가스는 주로 메테인으로 이루어져 있다. 메테인은 한 개의 탄소 원자(C)와 네 개의 수소 원자(H)로 이루어져 있다. 메테인의 화학식은 무엇인가?

22. 공장에서 식용 포도당을 만들었다. 포도당의 화학식이 $C_6H_{12}O_6$이라면, 포도당 분자 한 개에는 몇 개의 원자가 들어 있는 것인가?

23. 어떤 분자가 같은 힘으로 모든 전자를 잡아당기는 원자들로 구성되어 있다. 이 분자는 무극성이겠는가?

24. 이황화탄소는 물에서 용해되지 않는다. 이황화탄소는 이온성 분자인가? 극성 분자인가? 아니면 무극성 분자인가?

25. 이 세상에 있는 다른 성분들과는 달리, 고체 물(얼음)을 같은 부피의 액체 물보다 좀 더 가볍게 만드는 것은?

종합 문제 2

1. 다음 용어를 정의하시오.

a. 증산

b. 단열 냉각

c. 퇴적암

d. 원일점

e. 근일점

f. 코리올리 효과

g. 절연체

2. 지구의 수권에서 물 샘플을 무작위로 채취했다. 어떤 종류의 물(민물, 아니면 소금물)일 확률이 높은가?

3. 어떤 호수가 강이나 개울로 전혀 흘러가지 않고 있다. 물이 이 호수에서 없어질 수 있는 유일한 방법은 증발에 의한 것뿐이다. 이 호수는 민물이겠는가? 아니면 소금물이겠는가?

4. 바닷물의 염분이 지구가 형성된 지 수억만 년이 되지 않았다는 사실의 증거가 되는 이유는?

5. 빙하는 무엇에 의해 생겨나는가?

6. 공기에 어떠한 에너지도 추가되지 않는다면, 공기가 팽창될 때 온도는 어떻게 되겠는가?

7. 과학자들은 지구를 다섯개의 다른 부분으로 나누곤 한다. 그 부분들을 나열하시오.

8. 지구 내부의 구조를 알아내기 위해 과학자들이 주로 관찰하는 것은?

9. 지구의 자기장은 무엇으로 말미암아 발생되는가?

10. 지구의 자기장에 대해 설명하는 두 가지 이론에 대해 간결하게 기술하시오. 둘 중 보다 과학적으로 정당한 것은 무엇인가?

11. 지구의 자기장이 없으면, 생명체가 살아갈 수 없는 이유는 무엇인가?

12. 판게아란 무엇인가?

13. 산맥의 네 가지 종류를 나열하시오.

14. 지구의 날씨에 영향을 미치는 세 가지 주요 인자는 무엇인가?

15. '일사' 란 무엇을 의미하는가?

16. 북반구에서는 원일점에서 여름인가? 아니면 근일점에서 여름인가?

17. 바람은 무엇에 의해 생겨나는가?

18. 이틀 동안, 구름이 형성되더니 장기간 동안 가벼운 비가 하루 정도 지속되었다. 이러한 날씨는 어떤 전선의 징후인가?

19. 하루에 짙은 적란운이 형성되고, 몇 시간 이내 동안 뇌우가 지속되었다. 뇌우가 있은 후에 하늘이 맑게 개었다면, 구름이 형성되기 전의 온도와 비교했을 때 더 따뜻한 온도가 예상되는가? 아니면 더 차가운 온도가 예상되는가?

20. 뇌우에서 무거운 비가 30분 이상 지속되었다면, 뇌우가 무엇으로 이루어져 있었다고 예상할 수 있겠는가?

21. 번개의 빛과 소리의 대부분은 계단형 선도와 귀환뇌격 중 무엇으로 비롯되는가?

22. 뇌우에서 천둥이 발생되는 부분은?

23. 판번개와 번개의 차이점은?

24. 토네이도가 형성되는 데 필요한 구름의 종류는?

25. 남반구에서의 태풍이 북반구에서의 태풍과 다른 방향으로 회전하는 이유는 무엇인가?

종합 문제 3

1. 다음 용어를 정의하시오.

a. 벡터량	b. 스칼라량
c. 가속도	d. 운동 마찰
e. 정지 마찰	f. 광자
g. 전류	h. 저항

2. 45분 동안 20마일을 이동하는 배의 속력은 얼마인가? 답은 miles/h로 구하시오.

3. 각 양이 벡터량인지 스칼라량인지 적으시오. 그리고 속력인지, 거리인지, 속도인지를 구별하시오.
   a. $10m/s^2$, 북쪽
   b. 1.2m/s
   c. 3.4ft/h, 천천히 움직임
   d. 2.3miles/min, 서쪽

4. 자동차 한 대의 속도가 0이었는데, 2.1초 동안 동쪽으로 15m/s의 속도를 내게 되었다. 이 자동차의 가속도는?

5. 어떤 건물 지붕에서 돌멩이 하나가 땅에 떨어지는 데 3.8초가 걸렸다면, 건물의 높이(m)는 얼마인가?

6. 어떤 자동차와 트럭이 고속도로에서 북쪽으로 주행하고 있다. 트럭의 속력은 42miles/h이고, 자동차의 속력은 37miles/h이다. 트럭이 자동차 앞에 있었다면, 상대 속도는 얼마인가?

7. 어떤 물체가 10분 동안 11miles/h의 일정한 속도로 북쪽으로 이동하고 있다. 이 물체의 가속도는?

8. 한 소년이 손에 공기(장난감)를 들고 북쪽으로 달리고 있다. 소년이 나무를 지나가는 순간, 소년은 나무 바로 옆에서 공기를 떨어뜨렸다. 공기는 나무 옆에 떨어지겠는가? 그렇지 않다면, 공기는 나무의 북쪽에 떨어지겠는가? 아니면 남쪽에 떨어지겠는가?

9. 한 어린이가 방에서 일정한 속도로 동쪽으로 장난감을 밀고 있다. 이 장난감과 바닥의 정지 마찰력이 17N이고, 운동 마찰력이 12N이라면, 이 어린이가 가하는 힘은 얼마인가?

10. 아버지가 어린이에게 스케이트 타는 법을 가르치고 있다. 어린이가 정지해 있을 때, 아버지는 북쪽으로 $2.5m/s^2$의 가속도를 내며 어린이를 앞쪽으로 밀었다. 어린이의 질량이 22kg이라면, 아버지가 미는 힘은 얼마인가? (이들은 얼음 위에 있으므로, 마찰은 무시한다.)

11. 바닥과 500kg짜리 벽돌 상자 사이의 정지 마찰력이 500N이고, 운동 마찰력은 220N이라고 한다. 근로자가 이 상자를 움직이기 위해서는 몇 N의 힘을 가해야 하는가?

12. 한 사람이 벽을 동쪽으로 20N의 힘으로 기대고 있다. 벽에 의해 사람에게 가해지는 힘은 얼마인가?

13. 한 물리학자가 상자와 바닥 사이의 마찰력을 측정하고 있다. 물리학자는 두 가지 수를 기록했는데 하나는 100N이고, 다른 하나는 225N이었다. 어느 것이 정지 마찰력이고 어느 것이 운동 마찰력이겠는가?

14. 이 세상에 있는 네 가지 기본적인 힘을 나열하시오. 이들 중 같은 힘의 두 가지 다른 측면이라고 할 수 있는 두 힘은 무엇인가?

15. 기본적인 힘들 중 가장 약한 힘은 무엇인가? 그리고 가장 강한 힘은 무엇인가?

16. 두 물체를 5cm 떨어뜨려 놓은 상태에서 두 물체 사이의 인력(질량 1 = 5kg, 질량 2 = 2kg)을 측정했다. 그 후 이들의 거리를 10cm로 더 멀리 떨어뜨려 놓고 다시 인력을 측정했다면, 이전에 측정된 것에 비해 어떻게 되겠는가?

17. 다음 그림에서 공이 'A' 점에서 'B' 점으로 이동하고 있다. 공이 일정한 속력으로 움직이고 있다고 할 때, 공의 속도와 공에 작용하는 힘을 그리시오.

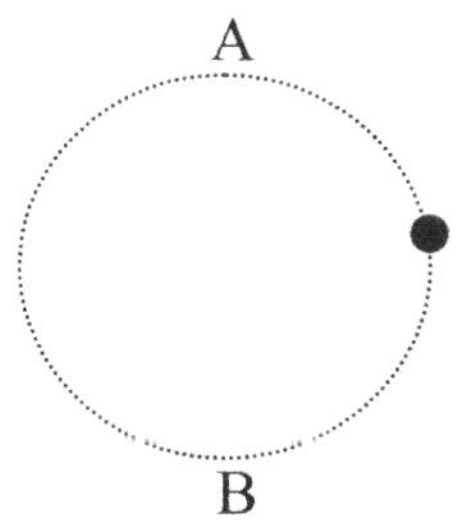

18. 내행성과 외행성을 나열하시오.

19. 혜성의 세 가지 부분은 무엇인가? 이들 중 항상 혜성에 존재하는 부분은?

20. 한 전기 회로에서 낮은 전압과 많은 양의 전류를 사용하고 있다. 각 전자의 에너지는 높겠는가? 아니면 낮겠는가? 그리고 회로에 흐르는 전자의 양은 많겠는가? 아니면 적겠는가?

21. 다음 회로에 약정 전류를 그리시오.

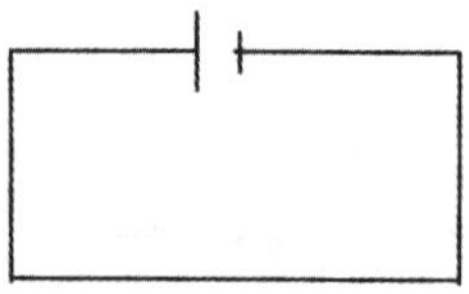

22. 같은 길이의 전선을 두 개 가지고 있다. 하나는 얇고, 다른 하나는 매우 두꺼웠다. 이 전선에 같은 양의 전류가 흐른다고 하면, 어느 전선이 더 빨리 뜨거워지겠는가?

23. 방 하나에 전구가 세 개가 있었다. 세 개의 전구는 모두 같은 회로에 연결되어 있었고, 한 개의 전구가 불이 나갔는데, 다른 두 개의 전구는 그대로 켜져 있었다고 한다. 이 전구들은 병렬로 연결되어 있는가? 아니면 직렬로 연결되어 있는가?

24. 자기장은 무엇으로 말미암아 발생되는가?

25. 남극만 있는 영구 자석이 존재할 수 있는가?

종합 문제 4

1. 다음 용어를 정의하시오.

a. 질량수

b. 동위원소

c. 원자번호

d. 횡파

e. 종파

f. 초음속

g. 전자기파

h. 반사의 법칙

i. 핵융합

j. 핵분열

k. 광년

2. 원자의 세 가지 구성 성분을 가장 작은 것부터 순서대로 나열하시오.

3. 핵에 양성자와 중성자를 있게 해주는 힘은 무엇인가? 그 힘은 무엇으로 말미암아 발생되는가?

4. ^{14}C 원자의 양성자, 전자, 중성자의 개수를 적으시오.

5. ^{131}I의 베타 붕괴 후 만들어지는 딸핵종은 무엇인가?

6. ^{226}Ra의 방사성 붕괴 반감기가 1,600년이라고 한다. 원래 ^{226}Ra의 샘플 질량이 10g이었다면, 4,800년 후에는 몇 g의 ^{226}Ra이 남아있겠는가?

7. 물질을 통과할 수 있는 능력 순서대로 방사능 입자의 세 가지 종류를 나열하시오. 많은 물질을 통과할 수 없는 입자부터 많은 물질을 통과할 수 있는 입자 순서대로 적으시오.

8. 음파의 세 가지 종류는 음파, 초저주파, 초고주파이다. 이 중에서 파장이 가장 짧은 것은?

9. 한 우주 비행사가 알람시계를 가지고 있었다. 그는 우주복 안에다가 알람시계를 넣어 두었을 때에는 알람이 울리면 소리를 들을 수 있었다. 이 우주 비행사가 달 표면에서 우주선 밖으로 나왔다면, 알람 소리를 들을 수 있었겠는가? 그 이유는 무엇인가?

10. 음파는 횡파인가? 아니면 종파인가?

11. 뇌우에서 번개가 치는 것을 보았다. 번개가 번쩍거리는 것을 본 다음, 1.5초 후에 천둥 소리를 들었다. 번

개는 얼마나 멀리에서 발생한 것인가? (그 시간에 온도는 13°C이었다)

12. 제트기가 마하 1 이상의 속력으로 주행할 때 사람이 거의 살지 않은 곳에서 주행하는 이유는 무엇인가?

13. 두 개의 음을 들었다. 이들은 모두 같은 피치를 가지고 있었는데, 첫 번째 음이 두 번째 음보다 더 컸다. 각 소리의 음파를 비교했을 때, 파동의 어떤 부분(파장, 주파수, 속력, 진폭)이 동일하겠는가? 또 어떤 부분이 다르겠는가?

14. 음파는 공기를 진동시킨다. 광파는 무엇을 진동시키는가?

15. 다음 색들을 파장이 긴 순서대로 나열하시오: 파란색, 빨간색, 노란색, 초록색

16. 전파의 파장은 가시광선의 파장보다 더 긴가? 아니면 더 짧은가? X-선은 어떠한가?

17. 한 물리학 실험에서 광선이 공기 중에서 유리로 이동하는 것을 관찰했다. 광선이 유리 표면에 수직인 선과 이루는 각도를 측정했다면, 광선은 그 수직선 쪽으로 휘어지겠는가? 아니면 수직선에서 멀어지는 방향으로 휘어지겠는가?

18. 셔츠를 노란색으로 보이도록 염색했다. 그 염료가 흡수하는 빛은 무슨 색인가?

19. 청록색 염료는 파란색과 초록색을 제외한 모든 빛의 색을 흡수하는 성분으로 이루어져 있다. 청록색 종이를 어두운 방에 놓고 파란색 빛을 비추면 무슨 색이 보이겠는가? 노란색 빛을 비추면 무슨 색으로 보이겠는가?

20. 태양의 네 가지 영역을 내부에서 외부 순서대로 나열하시오.

21. 태양은 어떻게 힘을 얻는가? 그러한 작용이 발생하는 태양의 영역은 어디인가?

22. 핵융합과 핵분열에서 처음 물질의 질량과 반응 후 물질의 질량은 어떻게 된다고 말할 수 있는가?

※ 다음 H-R 도를 보고 23번부터 25번을 푸시오.

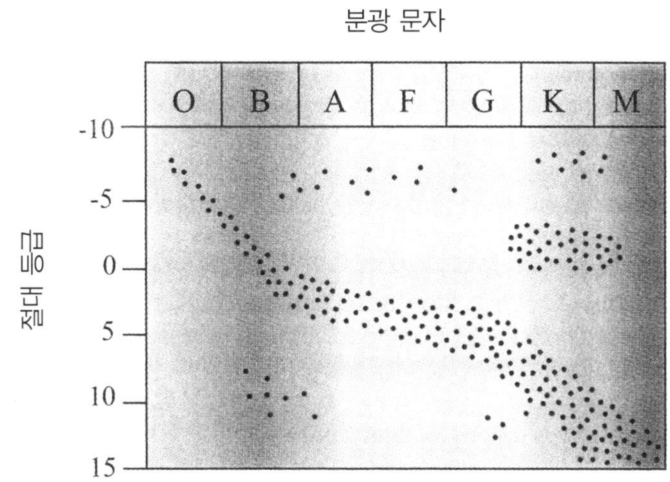

23. 등급 -7, 분광 문자 F인 별을 분류하시오.

24. 태양과 비슷한 별의 분광 문자가 G라고 한다. 이 별의 최소 등급과 최대 등급을 명시하시오.

25. H-R 도의 왼쪽에서 오른쪽으로 갈수록 별은 따뜻해지겠는가? 아니면 차가워지겠는가?

종합 문제 1 해답

1. (6점 - 각 정의당 1점씩)
   a. 분자 - 고유의 특성을 가지는 물질을 만들기 위해 서로 연결되어 있는 두 개 이상의 원자
   b. 상대 습도 - 어떤 온도에서 공기 중에 있는 수증기의 질량과 그 온도에서 공기가 포함할 수 있는 수증기의 최대 질량 비율, 백분율로 나타냄.
   c. 기압계 - 대기압을 측정하는 데 사용되는 도구
   d. 제트 기류 - 지구에 원을 그리며 서쪽에서 동쪽으로 부는 고속의 좁은 바람 띠
   e. 용매 - 다른 물질을 용해시킬 수 있는 액체 물질
   f. 응집력 - 각 분자의 끌어당기는 힘이 너무 강력해서 이들이 응력에 노출되었을 때에도 서로 붙어 있으려고 하는 현상

2. (1점 - 각 1/2점씩) 부피는 미터법 L로 측정된다. 영국식 단위계에서는 gallon, pint, quart 등으로 측정된다.(이 중 한 개만 대답하면 된다.)

3. (2점 - 변환 관계식에 1점, 실제 변환에 1점) 먼저 수를 분수 형태로 만들어야 한다.

$$\frac{12\text{m}}{1}$$

m를 cm로 변환해야 하므로, '센티' 라는 말의 의미가 '0.01' 임을 기억해야 한다. 따라서 cm는 0.01m와 같은 것이 된다.

$$1\text{cm}=0.01\text{m}$$

이것이 변환 관계식이다. 답을 cm로 구해야 하므로 분모에는 m가 있고(m 단위를 없애기 위함) 분자에는 cm(cm만 남기기 위함)가 있는 분수를 곱해야 한다. 위의 관계식에 나와 있는 단위 옆의 숫자도 함께 곱해야 한다. 'm' 는 분수의 분모에 가게 되므로, '0.01' 도 함께 가고, 'cm' 은 분자로 가므로 '1' 도 함께 간다.

$$\frac{12\cancel{\text{m}}}{1}\times\frac{1\text{cm}}{0.01\cancel{\text{m}}}=1{,}200\text{cm}$$

따라서 12m는 1,200cm와 같다.

4. (2점 - 변환 관계식에 1점, 실제 변환에 1점) 먼저 수를 분수 형태로 만들어야 한다.

$$\frac{75\text{g}}{1}$$

g을 kg으로 변환해야 하므로 '킬로'는 '1,000'임을 기억해야 한다. 즉 1kg은 1,000g과 같은 것이다.

$$1\ \text{kg} = 1{,}000\ \text{g}$$

이것이 변환 관계식이다. 답을 kg로 구해야 하므로 분모에는 g이 있고(g 단위를 없애기 위함), 분자에는 kg이 있는(kg만 남기기 위함) 분수를 곱해야 한다.

$$\frac{75\cancel{g}}{1} \times \frac{1kg}{1{,}000\cancel{g}} = 0.075kg$$

따라서 물체의 질량은 0.075kg이다.

5. (2점 - '1'과 '3.78'이 있는 분수에 1점, 답에 1점)

$$\frac{0.50\cancel{L}}{1} \times \frac{1gal}{3.78\cancel{L}} = 0.13gal$$

따라서 0.5L에는 0.13gal이 들어 있다. 다른 자리의 소수점 자리에서 반올림해도 상관없다.

6. (1점) 차이점은 활성 성분의 농도이다. 화학 물질의 농도는 그 물질의 작용에 영향을 미친다. 이 경우, 활성 성분의 농도가 짙어지면, 더 강한 세척력을 갖게 된다.

7. (2점 - 무엇인지에 1점, 이유에 1점) 온실 효과는 지구에서 방출된 에너지를 어떤 기체가 붙잡아서 발생되는 것이다. 온실 효과가 없으면 지구는 너무 추워져서 생명체가 살아갈 수 없게 된다.

8. (1점) 물은 증발되지 않는다. 상대 습도가 100%이기 때문에 공기는 더는 수증기를 함유할 수 없다. 따라서 물이 증발되지 못한다.

9. (1점) 땀이 증발하면서 피부에서 에너지를 빼앗아가기 때문에 시원해지는 것이다. 에너지가 피부에서 나가면서 냉각되는 것이다.

10. (1점) 우리가 들이마시는 공기 대부분은 질소로 이루어져 있다. (그림 2.5를 참조한다.)

11. (1점) 산소를 더 많이 내뱉는다. (그림 2.5를 참조한다.)

12. (1점) 공기는 30년 전보다 오늘날 더 깨끗하다. (그림 2.9를 참조한다.)

13. (1점) 오존 생산을 제한하는 규정은 지표면 레벨의 오존을 감소시키기 위한 것이다. 우리가 호흡할 때 오존이 있으면 유해하기 때문이다. 사람이 호흡하지 않는 오존층에서는 오존의 양을 늘리는 것이 좋지만, 사람이 호흡

하는 곳에서는 오존을 감소시켜야 한다.

14. (1점) 대기압은 31.1inch의 수은으로 보도될 것이다. 1.0atm은 해발에서의 평균 대기압을 의미하는 것이므로, 1.04atm은 평균보다 약간 더 높은 대기압을 말하는 것이다.

15. (1점) 균질권에서 채취한 샘플은 첫 번째 공기 샘플이다. 균질권에서는 공기의 기체 구성이 전체적으로 비슷하다. 단원 2에서 배웠듯이, 비균질권에서는 고도에 따라 다른 구성을 가지고 있다.

16. (1점) 대류권, 성층권, 중간권

17. (2점 - 대류권과 중간권에 1점, 성층권에 1점) 대류권과 중간권에서는 고도가 올라갈수록 온도가 낮아지고, 성층권에서는 고도가 올라갈수록 온도가 상승한다.

18. (1점) 지구 날씨 현상의 대부분의 대류권에서 일어난다.

19. (1점) 분자는 더 낮은 온도를 가진 샘플에서 더 천천히 움직인다. 즉, 두 번째 샘플에서 더 천천히 움직인다.

20. (1점) '오존 구멍' 은 극소용돌이가 있을 때에만 작용하는 오존 파괴 물질로 말미암아 발생하는 것이다. 극소용돌이는 남극대륙에서만 발생하며, 일 년 중 한 계절에만 일어나는 것으로, 오존 구멍은 대부분 남극대륙에서 어떤 기간에만 형성된다고 할 수 있다.

21. (1점) CH_4

22. (1점) C 뒤에 아래첨자 6이 있으므로 원자가 6개 있다는 것이다. 그다음 문자가 대문자이므로, 또 다른 원자를 나타내는 것이다. 그 뒤에는 아래첨자가 12이므로, 원자가 12개 있다는 것이다. 그다음 대문자 뒤의 아래첨자는 6이므로 원자는 6개가 더 있다는 것이다. 따라서 이 분자에서는 총 24개의 원자가 있다.

23. (1점) 분자는 무극성이다. 원자가 같은 힘으로 모든 전자를 잡아당기고 있다고 했으므로, 공정하게 공유하는 것보다 더 많은 전자를 가지고 있을 수 없다.

24. (1점) 이황화탄소는 무극성이다. 극성이라면 물에 용해될 수 있어야 한다.

25. (1점) 수소 결합에 의한 것이다. 수소 결합은 분자가 서로 가까이 있도록 만들지만, 그러한 현상은 액체 상태에서만 일어난다.

총 점수 35점

종합 문제 2 해답

1. (7점 - 각 정의당 1점씩)
   a. 증산 - 식물에서 물의 증발 현상
   b. 단열 냉각 - 기체가 더 많은 에너지를 받지 않고 팽창되었을 때 일어나는 기체의 냉각 현상
   c. 퇴적암 - 침전물이 시멘트화 작용에 의해 단단하게 만들어지면서 형성되는 암석
   d. 원일점 - 지구가 태양에서 가장 멀리 있는 지점
   e. 근일점 - 지구가 태양에서 가장 가까이 있는 지점
   f. 코리올리 효과 - 지구의 회전이 바람, 바다의 흐름, 그리고 다른 위도 쪽으로 날린 물체의 경로를 바꾸는 방식
   g. 절연체 - 전기를 잘 전도시키지 않는 물질

2. (1점) 지구에 있는 대부분의 물은 바다에 있으므로, 소금물일 가능성이 가장 크다.

3. (1점) 물이 없어질 수 있는 유일한 방법이 증발이라면, 호수의 염분 농도가 계속 짙어져서 소금물이 될 것이다.

4. (1점) 지구가 형성된 지 수억 년이 될 만큼 바다의 염분 농도가 짙지 않다. 바다에는 염분이 축적되고 있으므로, 지구가 형성된 지 오래되었을수록 바다의 염분 농도가 더 짙어져야 한다. 그러나 처음에 바다에 염분이 전혀 없었다고 가정하고 계산을 해도 지금과 같은 염분을 가지려면 지구의 나이는 62백만 년(수억 년이 아니라!)밖에 되지 않는다.

5. (1점) 빙하는 여름에 완전하게 녹지 못한 눈으로 말미암아 형성된다. 눈이 충분히 많이 쌓이게 되면, 그 무게로 말미암아 빙하가 되어 산 아래로 미끄러져 내려가는 것이다.

6. (1점) 공기는 팽창하면서 냉각된다. 그것이 단열 냉각이다.

7. (5점 - 각 답당 1점씩) 지구는 대기권, 수권, 암석권, 맨틀, 핵으로 구성된다.

8. (1점) 과학자들은 지진에 의해 발생되는 지진파를 관찰한다. 지진파를 관찰하면 맨틀과 핵의 구성 및 속성에 대해 알아낼 수 있다.

9. (1점) 자기장은 핵의 큰 전기적 흐름에 의해 발생된다.

10. (2점 - 각 설명에 1/2점씩, 더 정당한 것을 고르는데 1점) 다이나모 이론은 핵의 움직임이 핵의 온도 차이와 지구의 회전에 의한 것이라고 설명한다. 이 움직임은 핵의 전하 운동을 일으켜, 전류를 발생시킨다. 고속—붕괴이론은 핵의 전기적 흐름이 지구가 형성된 방식에 의한 것이며 시간이 지날수록 감소하고 있다고 설명한다. 이 중 과학적으로 더 정당한 것은 고속—붕괴이론이다. 대부분의 데이터와 일치하기 때문이다.

11. (1점) 자기장이 없으면 태양에서 오는 우주선이 지구에 닿게 된다. 그 광선은 지구에 있는 생명체들을 살아남

지 못하게 만들 것이다.

12. (1점) 판게아는 지구의 과거에 존재했다고 여겨지는 가정의 초대륙이다. 이전에 모든 대륙은 모두 하나로 합쳐져 있어서 이 초대륙을 형성했었다는 것이다.

13. (2점 - 각 1/2점씩) 산맥의 네 가지 종류는 화산, 돔모양산, 단층산맥, 습곡산맥이 있다.

14. (3점 - 각 1점씩) 세 가지 주요 인자는 열에너지, 고르지 않은 에너지 분포, 그리고 대기 중의 수증기이다.

15. (1점) 들어오는 태양의 복사(방사)

16. (1점) 북반구는 원일점에서 태양을 향하고 있으므로 원일점에서 여름이다.

17. (1점) 바람은 온도 차이에 의해 발생한다.

18. (1점) 이러한 종류의 날씨는 온난전선의 징후이다. 비가 며칠 동안 지속되었으므로 정체전선은 아니다.

19. (1점) 이러한 종류의 구름 패턴과 비는 한랭전선의 징후이다. 따라서 비가 온 뒤에 온도가 내려갈 것이다.

20. (1점) 이 뇌우는 아마도 몇 개의 세포로 이루어져 있을 것이다. 일반적인 뇌우세포 한 개의 성숙단계는 30분 이상 지속되지 않는다.

21. (1점) 번개의 빛과 소리의 대부분은 귀환뇌격에 의한 것이다.

22. (1점) 천둥은 번개에서 파동으로 이동하여 나온 과열된 공기의 결과이다. 이러한 파동이 우리의 고막에 닿으면 그 파동을 소리로 해석하게 된다. 파동이 격렬하기 때문에 소리가 크게 들리는 것이다.

23. (1점) 판번개는 구름 사이 번개이고, 번개는 구름-땅 사이 번개이다. 즉 번개는 땅에 떨어지나, 판번개는 그렇지 않다.

24. (1점) 토네이도를 형성하는 데 필요한 구름은 적란운이다. 적란운을 형성하는 뇌우세포의 강력한 상승기류가 없으면 소용돌이가 생성되지 않는다.

25. (1점) 태풍이 각 반구에서 다른 방향으로 회전하게 되는 이유는 코리올리 효과 때문이다.

총 점수 39점

종합 문제 3 해답

1. (8점 - 각 정의당 1점씩)
   a. 벡터량 - 방향 정보를 포함하는 물리적인 값
   b. 스칼라량 - 방향을 가지고 있지 않고 크기만 가지고 있는 물리량
   c. 가속도 - 단위 시간 동안에 일어나는 속도의 변화율
   d. 운동 마찰 - 운동이 시작되었을 때 운동을 방해하는 마찰
   e. 정지 마찰 - 운동의 시작을 방해하는 마찰
   f. 광자 - 입자처럼 행동하는 빛의 작은 에너지 다발
   g. 전류 - 초당 전기 회로에 고정된 점을 지나는 전하의 양
   h. 저항 - 금속이 전하의 흐름을 방해하는 능력

2. (2점 - 변환에 1점, 답에 1점) 문제에서 거리와 시간이 나왔고, 속력을 구하라고 했다. 따라서 공식(9.1)을 사용하면 된다. 답을 miles/h로 구하라고 했는데, 시간 단위가 min으로 주어져 있다. 따라서 먼저 단위를 변환해야 한다.

$$\frac{45\cancel{\text{min}}}{1} \times \frac{1\text{h}}{60\cancel{\text{min}}} = 0.75\text{h}$$

이제 속력 공식을 사용하여 풀 수 있다.

$$\text{속력} = \frac{20\text{miles}}{0.75\text{h}} = 26.7\ \frac{\text{miles}}{\text{h}}$$

3. 벡터량에는 방향 정보가 포함되어 있지만, 스칼라량에는 방향 정보가 포함되어 있지 않다. 단위를 살펴보면 어떤 값을 말하는지 알 수 있다.
   a. (1점 - 각 답당 1/2점씩) 단위(거리 나누기 시간의 제곱)를 보면 가속도임을 알 수 있다. 방향이 있으므로, 벡터량이다.
   b. (1점 - 각 답당 1/2점씩) 단위(거리 나누기 시간)를 보면 속력이거나 속도임을 알 수 있다. 방향 정보가 없으므로, 스칼라량이고 속력이다.
   c. (1점 - 각 답당 1/2점씩) 단위(거리 나누기 시간)를 보면 속력이거나 속도임을 알 수 있다. 방향 정보가 없으므로, 스칼라량이고 속력이다. '천천히'라는 정보가 있더라도 그것은 방향 정보가 아니다.
   d. (1점 - 각 답당 1/2점씩) 단위(거리 나누기 시간)를 보면 속력이거나 속도임을 알 수 있다. 방향 정보가 있으므로, 벡터량이고 속도이다.

4. (1점) 초기 속도는 0이고, 최종 속도는 동쪽으로 15m/s이다. 시간은 2.1s이다. 이 문제는 공식(9.2)을 사용하여 직접적으로 푸는 문제이다.

$$\text{가속도}=\frac{\text{최종 속도}-\text{초기 속도}}{\text{시간}}$$

$$\text{가속도}=\frac{15\frac{m}{s}-0\frac{m}{s}}{2.1s}=\frac{15\frac{m}{s}}{2.1s}=7.14\frac{m}{s^2}$$

가속도가 양수이므로, 가속도와 속도의 방향이 같은 것이다. 따라서 가속도는 동쪽으로 7.14m/s²이다.

5. (1점) 돌멩이는 자유낙하하고 있으므로, 공식(9.3)을 사용하여 풀면 된다. 문제에서는 답을 m로 구하라고 했으므로 가속도는 9.8m/s²을 사용해야 한다.

$$\text{거리}=\frac{1}{2}\times(\text{가속도})\times(\text{시간})^2$$

$$\text{거리}=\frac{1}{2}\times(9.8\frac{m}{s^2})\times(3.8s)^2=\frac{1}{2}\times(9.8\frac{m}{s^2})\times(3.8s)\times(3.8s)$$

$$\text{거리}=\frac{1}{2}\times(9.8\frac{m}{\cancel{s^2}})\times(14.44\cancel{s^2})=70.756m$$

6. (1점 - 값에 1/2점, 방향에 1/2점) 그림에서 볼 수 있듯이, 자동차는 트럭 뒤에 있지만, 이들은 같은 방향으로 달리고 있다. 따라서 상대 속도는 이들의 각 속도를 서로 빼서 구하면 된다.

상대 속도 = 42miles/h - 37miles/h = 5miles/h

자동차가 트럭보다 더 느리게 주행하고 있으므로, 트럭은 자동차와 멀어지고 있다. 따라서 상대속도는 서로 멀어지는 방향으로 5miles/h이다.

7. (1점) 속도가 변하고 있지 않으므로, 가속도는 0이다. 문제에서 시간을 알려준 것은 헷갈리게 만들기 위한 것이다. 가속도는 속도의 변화라고 했다. 속도가 변하지 않았으므로, 가속도는 없는 것이다.

8. (1점) 공기는 나무 바로 옆에 떨어지지 않는다. 공기는 나무의 북쪽에 떨어진다. 이것은 뉴턴의 운동 제1법칙에 의한 것이다. 공기가 소년의 손에 있을 때에는 공기가 북쪽으로의 속도를 가지고 있었다. 소년이 공기를 떨어뜨렸을 때에도 공기는 북쪽으로 향하는 속도를 가지고 있었다. 따라서 공기는 떨어지면서 북쪽으로 이동하려고 한다. 그러므로 공기가 땅에 떨어졌을 때에는 나무 북쪽에 떨어지게 된다. 실제로 공기 저항을 무시한다면 공기는 소년이 떨어뜨린 곳 바로 옆에 떨어지게 된다. 공기가 소년과 같은 속도로 북쪽으로 이동하게 되기 때문이다.

9. (1점) 물체가 일정한 속도로 움직이고 있으므로, 가속도는 0이다. 물체에 가해진 총힘은 물체의 질량과 가속도의 곱(뉴턴의 운동 제2법칙)이므로, 물체의 총힘도 0이다. 즉, 어린이는 마찰력을 이겨낼 수 있을 만큼의 힘만 가하면 되는데, 장난감은 이미 움직이고 있다고 했다. 따라서 어린이는 동쪽으로 12N의 힘을 가하고 있다.

10. (1점) 마찰을 무시하면 작용하는 힘이 아버지가 가하는 힘뿐이다. 따라서 가속도는 그 힘에 의한 것뿐이며, 공식(10.1)을 사용하면 힘을 구할 수 있다.

$$총힘=(질량)\cdot(가속도)$$
$$총힘=(22\text{kg})\cdot\left(2.5\frac{\text{m}}{\text{s}^2}\right)=55\text{N}$$

아버지의 힘만 작용하고 있으므로, 아버지는 북쪽으로 55N의 힘으로 밀고 있는 것이다.

11. (1점) 상자를 움직이게 만들려면, 근로자가 정지 마찰력을 이겨낼 수 있어야 한다. 즉 근로자는 500N보다 약간 더 많은 힘을 가해야 한다.

12. (1점) 벽은 서쪽으로 20N의 힘을 가하고 있다. 그것은 사람의 힘과 크기는 같고 방향은 반대인 힘이기 때문이다.

13. (1점) 정지마찰력은 항상 운동 마찰력보다 크다. 따라서 정지 마찰력이 225N이고, 운동 마찰력이 100N이다.

14. (3점 - 각 힘에 1/2점, 다른 측면의 두 힘에 1점) 네 가지 기본적인 힘은 인력, 약력, 강력, 전자기력이다. 이들 중 전자기력과 약력은 같은 힘의 다른 측면이다. 일부는 이 세상에 세 가지 기본적인 힘이 있다고도 이야기한다.

15. (2점 - 각 답당 1점씩) 가장 약한 힘은 인력이다. 가장 강한 힘은 강력이다.

16. (1점) 유일하게 달라진 것은 두 물체 사이의 거리가 2배가 되었다는 점이다. 두 물체 사이의 거리가 증가하면 인력은 감소한다. 그리고 인력은 증가한 거리의 제곱만큼 감소하게 된다. 따라서 힘은 2^2, 즉 4로 나뉜다. 그러므로 새로운 인력은 기존 인력보다 4배 만큼 작아진다.

17. (2점 - 각 화살표에 1점씩) 'A' 에서 'B' 로 간다는 것은 시계 방향으로 운동하고 있다는 것이다. 속도는 시계 방향으로 직선 방향이다. 일정한 속력으로 운동하고 있다고 했으므로, 유일한 힘은 구심력뿐이다. 구심력은 항상 원의 중심을 향하고 있다.

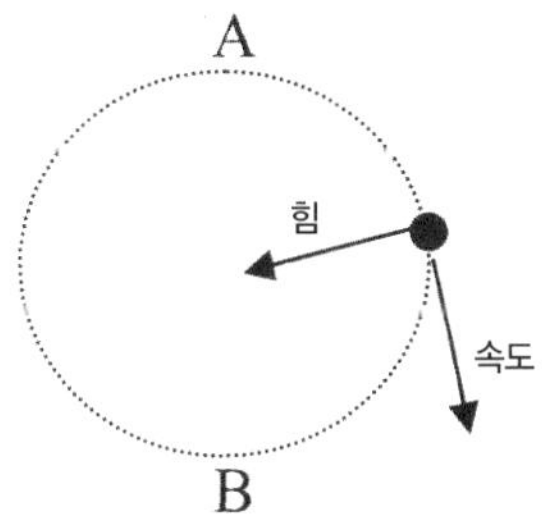

18. (2점 - 각 행성당 1/4점씩)
내행성 - 수성, 금성, 지구, 화성
외행성 - 목성, 토성, 천왕성, 해왕성

19. (2점 - 각 부분에 1/3점씩, 항상 존재하는 부분에 1점) 혜성은 핵, 코마, 꼬리로 이루어져 있으며, 항상 존재하는 부분은 핵이다.

20. (2점 - 각 답당 1점씩) 낮은 전압이라는 것은 각 전자의 에너지가 낮다는 것을 의미한다. 많은 양의 전류라는 것은 회로를 흐르는 전자가 많다는 것이다.

21. (1점) 약정 전류는 건전지의 양극에서 음극으로 흐른다.

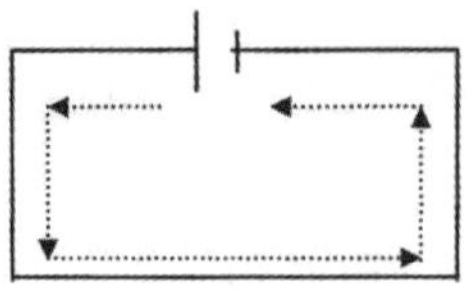

22. (1점) 전선이 더 넓거나 두꺼울수록 전자가 더 펼쳐지게 된다. 그러면 전자가 전선의 원자와 충돌할 가능성이 더 작아진다는 것을 의미한다. 따라서 더 두꺼운 전선이 더 작은 저항을 갖는다. 저항이 작으면 열이 덜 발생한다. 그러므로 가느다란 전선이 더 빨리 뜨거워진다.

23. (1점) 전구는 병렬로 연결되어 있다. 끊어진 전구는 스위치가 개방되어 있는 것을 의미한다. 전구가 직렬로 연결되어 있을 경우에는 스위치가 개방되면 전류 흐름이 중단된다. 그러한 일이 일어나지 않았으므로, 전구는 병렬로 연결되어 있는 것이다. 개방 스위치가 있다고 하더라도 병렬로 연결되어 있는 다른 부분에는 영향을 끼치지 않기 때문이다.

24. (1점) 대전된 입자의 흐름으로 말미암아 자기장이 형성된다.

25. (1점) 그렇지 않다. 지금까지 알려진 바로는 자석은 항상 남극과 북극을 가지고 있어야 한다.

총 점수 43점

종합 문제 4 해답

1. (11점 - 각 정의당 1점씩)
   a. 질량수 - 원자의 핵에 있는 양성자와 중성자 개수의 합
   b. 동위원소 - 양성자의 개수는 같으나 중성자의 개수가 다른 원소
   c. 원자번호 - 원자 하나에 있는 양성자의 개수
   d. 횡파 - 파동의 진행 방향과 매질의 진동 방향이 수직인 파동
   e. 종파 - 파동의 진행 방향과 매질의 진동 방향이 나란한 파동
   f. 초음속 - 어떤 성분에서의 음속보다 빠른 속력
   g. 전자기파 - 진동하는 전기장과 그 전장에 수직으로 진동하는 자장으로 이루어진 횡파
   h. 반사의 법칙 - 반사각과 입사각은 같다.
   i. 핵융합 - 두 개 이상의 작은 핵이 융합되어 더 큰 핵이 만들어지는 작용
   j. 핵분열 - 큰 핵이 더 작은 핵들로 분열되는 작용
   k. 광년 - 빛의 빠르기로 1년 동안 직진으로 이동할 수 있는 거리

2. (2점 - 각 입자당 1/3점씩, 올바른 순서에 1점) 원자의 세 가지 부분은 양성자, 중성자, 전자이다. 전자는 다른 두 가지 성분보다 훨씬 더 가볍고, 중성자는 양성자보다 약간 더 무겁다. 따라서 순서는 전자, 양성자, 중성자이다.

3. (1점 - 각 답당 1/2점씩) 핵에 양성자와 중성자를 잡아두는 힘은 핵력이다. 강력이라고 대답할 수도 있다. 이 힘은 양성자, 또는 중성자 사이에 파이온의 교환으로 말미암아 발생된다.

4. (1점 - 각 답당 1/3점씩) 화학 기호가 C이므로, 주기율표에서 그 원자의 양성자 개수가 6개임을 알 수 있다. 즉 전자의 개수도 6개이다. 질량수는 핵에 있는 중성자와 양성자 개수의 합이다. 따라서 중성자의 개수는 8개이다.

5. (1점) ^{131}I는 주기율표에 따르면 53개의 양성자를 가지고 있다. 이는 중성자의 개수가 78개임을 말한다. 베타 붕괴 이후에는 중성자 한 개가 양성자 한 개로 바뀌게 된다. 따라서 양성자는 54개, 중성자는 77개인 ^{131}Xe 원자가 생기게 된다.

6. (1점) 1,600년 후에는 10g이 5g이 될 것이다. 그다음 1,600년 후에는 5g이 2.5g이 된다. 그다음 1,600년 후에는 2.5g이 1.25g이 될 것이다. 따라서 총 4,800년이 지나면 1.25g이 남게 된다.

7. (1점) 가장 적은 양의 물질을 통과할 수 있는 입자는 알파 입자이며, 그다음은 베타 입자, 그다음으로 가장 많은 물질을 통과할 수 있는 입자는 감마선이다.

8. (1점) 가장 짧은 파장을 가지는 음파는 초고주파이다. 초고주파는 가장 높은 주파수를 가지며, 이는 파장이 가장 짧다는 것을 의미한다.

9. (1점 - 알람을 들을 수 없다는 사실에 1/2점, 이유에 1점) 우주 비행사는 알람 소리를 들을 수 없다. 달 표면에는

공기가 없기 때문이다. 음파를 진동시킬 수 있는 물질이 존재하지 않기 때문이다.

10. (1점) 음파는 종파이다.

11. (2점 - 속력에 1점, 답에 1점) 거리를 구하려면 번개와 천둥 사이의 시간 차이를 사용해야 한다. 이때 번개는 우리가 본 그 순간에 발생한 것이라고 가정한다. 따라서 천둥소리가 우리에게 도달하는데 걸린 시간이 거리를 결정한다. 먼저 음속을 구해야 한다.

$$v=(331.5+0.6\cdot T)\frac{m}{s}$$

$$v=(331.5+0.6\cdot 13)\frac{m}{s}$$

$$v=(331.5+7.8)\frac{m}{s}=339.3\frac{m}{s}$$

이제 공식(14.3)을 사용하여 풀 수 있다.

$$\text{이동 거리} = (\text{속력}) \times (\text{걸린 시간})$$

$$\text{이동 거리}=(339.3\frac{m}{s})\times 1.5s-508.95m$$

12. (1점) 제트기가 마하 1 이상의 속력으로 주행하면 아주 큰 폭발음을 내는 공기의 충격 음파를 발생시킨다. 그러한 소리는 사람의 귀나 건물에 손상을 입힐 수 있다.

13. (2점 - 각 답당 1/4점씩) 파장, 주파수, 속력은 같을 것이다. 피치는 주파수에 의해 결정되는 것이며, 그것은 파장을 결정한다. 속력은 온도에 의한 영향만 받는다. 그러나 진폭은 크기를 결정하는 것이므로, 파동의 진폭은 다를 것이다.

14. (1점) 광파는 자기장과 전기장을 진동시킨다. 각각 서로 수직으로 진동하고 이동 방향에 수직으로 진동한다.

15. (2점 - 각 답당 1/2점씩) '빨주노초파남보' 라는 것을 기억하고 있으면, 색의 파장의 상대적인 크기를 알 수 있다. 빨간색이 가장 길고, 보라색이 가장 짧다. 따라서 파장이 긴 순서대로 나열하면, 파란색, 초록색, 노란색, 빨간색이다.

16. (1점 - 각 답당 1/2점씩) 전파는 가시광선보다 더 긴 파장을 가지고 있고, X-선은 더 짧은 파장을 가지고 있다.

17. (1점) 빛이 더욱 빠르게 이동할 수 있는 성분에서 느리게 이동하게 되는 성분으로 이동할 경우에는 빛이 수직선 방향으로 휘어지게 된다. 빛은 유리에서보다 공기에서 더 빠르게 이동하므로, 빛은 수직선 방향으로 휘어지게 된다.

18. (1점) 노란색으로 보이기 위해서는 노란색을 제외한 모든 색을 흡수해야 한다. 따라서 빨간색, 주황색, 초록색, 파란색, 남색, 보라색 빛을 모두 흡수하고 있다.

19. (1점 - 각 답당 1/2점씩) 청록색은 파란색과 초록색을 제외한 모든 색을 흡수하므로, 비치는 노란색을 모두 흡수하게 될 것이다. 따라서 눈에 빛이 보이지 않게 된다. 그러므로 노란색 빛을 비추면 종이는 검은색으로 보이게 된다. 파란색 빛을 비추면 파란색 빛을 반사하게 된다. 따라서 파란색 빛을 비추면 종이는 파란색으로 보이게 된다.

20. (1점 - 각 답당 1/4점씩) 태양의 내부부터 시작해서 나열하면, 핵, 방사층, 광구, 대류권이다.

21. (1점 - 각 답당 1/2점씩) 태양은 핵에서 발생하는 핵융합으로 힘을 얻는다.

22. (1점) 두 반응 모두 질량이 에너지로 변환된다. 따라서 본래 물질의 질량은 반응 이후 생성되는 물질의 질량보다 더 크다.

23. (1점) 별을 분류하려면 H-R 도에서 등급과 분광 문자를 찾아야 한다.

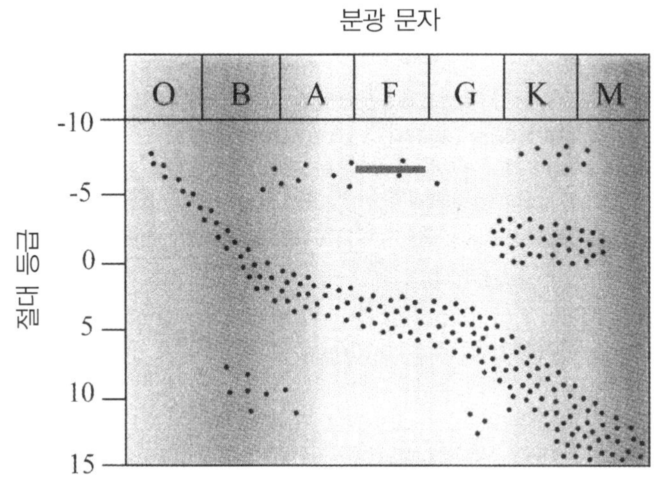

등급과 분광 문자에 따라 그 별은 초거성이다.

24. (1점) 태양과 유사한 별이 되려면, 주계열 별이어야 한다. 즉, 주계열 그룹에 속해 있어야 한다. 분광 문자 G의 주계열 별에 속하려면, 등급이 2에서 8 사이어야 한다. 학생들이 H-R 도를 약간 다르게 해석하여 약간 다른 답이 나올 수도 있다.

25. (1점) H-R 도에서는 오른쪽에서 멀어질수록 별이 더 차가워진다.

총 점수 39점